KB026515

나의 배목수
인생 이야기

마산 진동면 장기마을(배목수)
김봉수

/ 목차 /

CONTENTS

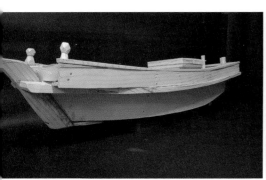
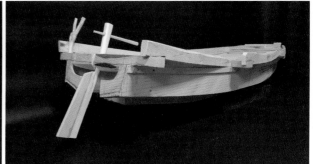

실물 목선 사진과 복원한 배 모형

◆ 1978년경 현대호 진수식 기념사진(진동 광암)
(이대우 씨, 이명우 씨, 김봉수 저자, 김수근 씨)

◆ 1989년 대형목선 건조 사진

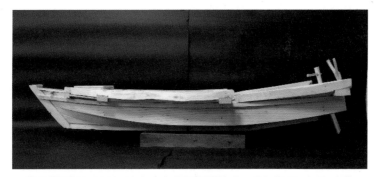

◆ 주낙배 모형

◆ 주낙배 모형

◆ 대형 목선: 고대구릿배, 이수구릿배, 꼬막배, 석조망배

◆ 소형 어선: 자망배, 통발배

◆ 근어망배, 다찌망

◆ 도선(島船), 대절선 복원 모형

◆ 통영 욕지도, 돛 2개 달린 목선 / 2020년

◆ 통영 욕지도, 운항 중인 목선 / 2020년

◆ 통영 매물도, 운항 중인 목선 / 2019년

◆ 진해 행암동, 목선 / 2019년

◆ 진해 안골동, 대형 목선

◆ 태풍 '매미' 당시 육상으로 올라와 버린 대형 목선
(사진 출처: Daum blog 안삿갓)

◆ 1980년대 초반 장기마을(한호근 씨 제공)
선창과 다양한 종류의 목선들

책이 나오게 된 사연

배목수로 살아오신 나의 아버지의 구술(녹취)을 기초로 하여 '나무배(목선)'와 '배목수' 이야기를 모아서 지면으로 옮겨 보게 되었다.

어촌에서 살거나 그분들의 삶을 아는 사람들에게는 별 특별할 것 없는 우리네 모습과 이야기일 테니, 굳이 사진과 글로 남겨야 할지 고민한 적도 있었다. 하지만 이런 나의 고민은 자료를 준비하는 8~9년의 시간 동안 늘어가는 아버지의 흰머리와 주름을 보면서 빨리 꼭 해야겠다는 결심으로 바뀌어 갔다.

지구촌의 환경문제가 대두됨에 따라, 배의 재질 또한 화학물질인 FRP의 대안으로 알루미늄 선체가 나오고 있는 지금, 목선(나무배)의 신규 수요는 거의 없어지면서 오랜 목선 제작 기술도 조금씩 잊히고 있다. 지금은 큰 나무배(목선-화물선)에 수산물을 가득 담아 싣고 마산 외곽의 진동면 고현에서 마산 남성동 마산항 수협공판장으로 경매물을 운반하러 다니던 배를 기억하는 사람도 없어져 가고, 돛배나 노 젓는 배를 타고 마산으로 오고 가던 그 뱃길을 알던 사람도 드물어져 간다. 현재는 차를 타고 쉽게 갈 수 있는 육로가 있기에, 바닷길이 있었다고 떠올릴 사람은 그리 많지 않을 듯싶다.

더불어, 되짚어보니 물류와 교통이 선박으로 이뤄지던 시기에 어촌에서 펼쳐진 다양한 삶의 풍경들이 사진도 자료도 없이 잔상처럼 사라지고 있었다. 더불어 '목선'과 '목선 기술', 그리고 바다에 기대어 살았던 분들의 '삶의 이야기'들도 함께 저물어 가고 있음을 보게 되었다.

기약도 없는 시간 동안, 몇 년간 모아온 작은 메모들과 자료들, 그리고 모형배를 만들면서 촬영한 사진 몇 점 정도가 시작이었다. 하지만 어느 새부터 그걸 정리해 보려고 쓴 글들이 60페이지 정도 나왔다. 제본을 해보려던 차에 책으로 만들어 보라는 지인의 말이 계기가 되어 주위 분들이 이해하기 쉽도록 풀어서 쓰기 시작했다. 그것이 어느덧 200페이지 분량을 넘기고, 점점 책이라는 형태로 구체화되어가고 있었다.

다만, 예전 그 시절의 사진 같은 것도 별로 있지도 않고, 그나마 몇 장 있던 사진마저 태풍 '매미'로 대부분 유실되어 현장감 있게 보여줄 수 있는 자료가 얼마 되지도 않았다. 하지만 아쉬우나마 그림이나 메모 형태라도 배 만드는 것을 기록해 봐야 할 것 같은 생각이 오래전부터 있었다.

진로를 고민하던 고등학교 시절, 조선공학과에 진학해 아버지 가업을 이어가고 싶었지만, 힘들고 고단한 배목수의 '망치질'을 대물림하지 않으시려던 아버지의 의중도 짐작으로나마 알고 있었다. 고향을 떠나 대학과 군대 생활을 마치고 사회초년생 시절을 거치면서 잠시 잊고 있었던, 어릴 적부터 보아왔던 '나무배'에 대한 향수와 그리움은 마음 한곳에 늘 있었다.

직장 내 정년퇴직하시는 선배분들을 보면서, "망치를 들고 일생을 '배목수'로 살아온 아버지에 대한 '정년식'이라도 해드리고 싶다."라는 '책무감' 같은 생각이 들었다. 그리하여 그동안 살아오신 그 시간의 길을 되짚어 녹취도 하고, 메모를 하기 시작한 지 몇 해가 흘러갔고, 배 모형을 하나둘 만들어내기까지 시간은 게으르게 흘러갔다.

그렇게 해서, 다시 배우고 싶은 마음에, 어렵게 모형을 복원하는 것부터 시작했다. '정년식'을 해드리려던 생각이 역설적이게도 아버지를 다시 '현역'으로 모셔 와 손에 망치를 잡으시게 만들어 버린 것 같아서, 마음 한편으로 죄송스럽다.

비슷한 시절에 한옥목수, 소목장, 무쇠솥, 옹기, 한지 등의 관련 분야에 종사하며 쟁쟁한 기술로 삶을 살아오신 분들은 모두 현재에도 그 기술적 수요가 크든 작든 이어지고 있다. 하지만 '배목수'나, '나무배'는 현재 찾는 이가 적어짐에 따라 나무를 사용해 배를 만들었던, 과거의 기술들도 서서히 사라질 수 있다고 생각하니 안타까운 마음도 든다.

현재 그분들의 눈과 손에는, '한말(韓末)'까지 누적되어 이어져 온 우리 배의 제작 기술이 일제강점기와 근대화 시기를 지나면서 현대식 목선 형태로 변화한 과정과, 다양한 어촌의 어로 활동에 필요한 방향으로 기술이 어떻게 진화해 왔는지 아직도 파노라마처럼, 디오라마처럼 생생하게 담겨 있기 때문이다.

2022년 현재, 그분들의 연세는 대부분 70~90대 연령대의 고령이시다. 아직 현업에서 일하시는 분들이 있다면, 어촌 어딘가에서 소소한 일거리를 재미 삼아 하고 계시지 않을까 생각한다.

이제, 그분들이 '마지막 배목수' 세대가 되시는 것 같다.

'마지막 배목수'라는 말에 남다른 아쉬움과 많은 여운이 둥실거린다.

유럽이나 동남아 등, 해외 선·후진국을 막론하고, 아직도 '우든 보드(Wooden Boat)', '전통 범선', '레저 보트', '카누' 등 다양한 이름의 목선들을 그들 나름의 전통에 따른 기술을 사용하되 현대적인 기능을 추가해 만들고 있다.

미국·유럽의 기술자, 학자들이 일본의 전통 목선 제작 과정을 채록하여 영상과 기록으로 모두 옮겨 담고 있는 것도 보았다. 나무배가 효율성이 떨어진다거나, 단점이 많아서라기보다는, FRP배가 가진 관리상의 편리함이 잠시 우리의 전통 목선을 대체하고 있다고 생각한다.

하지만 제대로 잘 관리된 목선은 30~40년의 '선령(船齡)'에도 불구하고, "폐선(廢船) 시 목재가 거의 썩지 않고 있어서 놀랐다."라고 하는 어민들의 증언이 여러 곳에서 확인되고 있다. 미래 환경과 지구의 건강이라는 관점으로 지금의 선박을 되돌아볼 때, 다시 나무배의 시절이 오리라 감히 생각해 본다.

몇 년 전부터, 지금은 볼 수 없는 특이한 형태의 '배 모양'을 선형(船型)별로 작은 모형으로 만들면서 도면도 그리고 복원해 보고 있다. 이제 더 이상 나무로 배를 만들지 않기 때문에 목선(한선)의 모양을 잊고 마는 것은 아닌가 싶기도 하고, 만일 배를 만들려고 하는 사람이 나타난다 해도 배 만들 수 있는 '배목수'를 찾기도 힘들 것이다.

예전 마을에서 흔하게 볼 수 있었던, 여러 개의 조선소와 철공소가 다른 해안 마을보다 많이 있었다는 것과 멀리 통영 매물도, 욕지도, 진해 용원에서도 배를 만들기 위해 진동면 '고현~장기마을'로 찾아올 만큼, 주변의 어촌에서는 '배를 야물게(튼튼하게) 잘 만드는 곳'으로 이름이 알려져 있었던 것 같다.

통영 매물도를 방문할 일이 있었는데 아직도 '주낙배' 모양의 목선 한 척이 운항하고 있어서 놀랍고 반가웠다. 그리 나이가 많지 않은, 젊은 분이 목선을 잘 관리하고 계셨다.

또 자기 집 배 두 척을 모두 진동에서 만들어 왔다고 하는 할머니 한 분이 계셔서 반가운 마음에 "다 만들어진 그 배를 어떻게 멀리 이곳 섬까지 가지고 오셨느냐"라고 물어봤더니, "조선소에서 '진수식'한 다음, 배를 타고 운전해서 '쉬엄쉬엄' 집에 간다고 좋아서 왔지"라고 별일 아닌 듯 쉽게 얘기하시는 것이었다. 지금의 도로나 뱃길로도 가까운 거리가 아니기 때문에 짐작만 한참 해 봤었다.

◆ 매물도의 운항 중인 목선

'배목수'들의 계보나 기술력도 시절을 지나오면서 각 지역의 바다와 어부들의 필요에 맞게 독특하고 다양한 배들의 형태와 목선 제작 기술이 변화 발전해 왔다고 생각한다.

13살 어린 나이에 집을 나서, 객지 생활을 전전하면서 멀리 강원도까지 일을 다니면서 많은 배를 만들고, 고향으로 돌아와서 배 만드는 일을 생업으로 해 오신 아버지, 어머니께 어릴 때 듣던 '오늘 밥값은 했냐?'의 그 시절 밥값 대신이 책을 드립니다.

같은 시절을 살아오신 배목수분들께도 두 손 모아 감사와 존경을 드립니다. 아울러, 인터뷰에 흔쾌히 응해 주시고 관심을 가져주신 마을 주민 한호근 님, 장학선 님, 송진홍 할아버님, 삽화를 도와준 김중기 화가에게도 감사드립니다.

준비도 없이 작은 마음만 들고 시작한 일에 자료를 모으는 시점부터, 책과 자료를 보내주시고, 부족한 출판의 결과물이 나올 때까지 많은 관심과 조언을 주신 '국가지정 전통 조선장(造船匠)' 마광남 선생님께도 언제 갚아 나갈지 한량 없는 빚이 이 책 속에 담겨 있다고 생각하며, 감사의 인사를 올립니다.

– 김경탁

내가 국민학교 졸업하고, 처음으로 일을 하러 간 곳은, 지금은 대장간이라고 부르고 알고 있는 '승냥간'이었다. 옛날 말로 한다면, 일본말 '가지야(かじや[鍛冶屋])' 대장간을 말한다. 배를 만드는 조선소에는 '승냥간'이라는 곳이 같이 있었는데, 거기서 처음 배우기 시작한 것은 화로에 '불매(불무질)'를 불고 배 못(대못)을 만드는 것이었다.

　쇠를 달구어서 배 못도 만들고, 볼트도 깎아서 만들고, 필요한 공구도 직접 만들어서 사용했다. 그때 내 나이가 13살이었다. 대가나 일당(日當), 이런 것은 없었고, 가서 '밥이나 얻어먹고 기술이나 배우는 것'이 전부였다.

　"3년을 일하고 나면, 이장(연장) 한 벌을 해준다."라고 했으나, 그 구두(口頭) 약속은 그 시절 대부분의 현장 사람들에게는 지켜지지 않던 시절이었다. 이렇게 대장간 일을 시작으로 '배 모우는' 일을 접하면서 차츰 배 만드는 일을 생업으로 하는 '배목수'로 살아왔다.

　배를 만든다는 것을 '배 모운다'라고 하는데, 지금처럼 공장이나 시설이 없었던 시절, 기계배(동력선)가 나오기 전까지, 연근해 어업을 하던 어부들은 '노(櫓)'

와, '돛'으로 항해가 가능할 정도 크기의 배를 주로 타고 다녔다.

배의 크기와 규모를 이야기할 때에는, '배밑'이라고 불리는 중심 목재의 길이를 기준으로 삼았다.

작은 어선 정도는 대체로 배밑 목재의 길이가 대략 16자(尺)~18자(尺)인데, 요즈음 말하는 미터법으로는 대략 6~7m 내외의 작은 배였다. 배가 크면, 인력으로 노를 저어서 항해해야 하는 부담이 더 커지게 된다.

성인 2~3명 정도의 사람들이 낚시(주낙 등)와 '자망', '손방질'을 통해 그물을 잡아당길 수 있는 크기의 배여야 했다. 그렇지 않으면 배의 추진력과 어로 활동을 모두 인력으로 감당하기 어려워진다.

또한, '접안(接岸)'이나 '피항'(避港)을 해서 얕은 해안에 배를 앉히거나, 육지로 올리기라도 할 경우 힘이 들기 때문에, 배를 운항하고 관리할 선주는 인력으로 배의 크기를 감당할 수 있어야 했다.

예전에는 동력이 없던 '해추선(海鰍船, 일본식 표기: 뗀마/뗏마/전마선)' 같은 배들은 태풍이 오면, 배를 육지로 끌어 올려 큰 파도와 비바람에 배가 파손되거나, 떠내려가지 않도록 대비했었다. '해추선(뗀마)' 같은 경우는 배 안에 빗물이 고이지 않도록 배를 육지로 들어 올리고 나서 선체를 뒤집어(엎어) 놓는 것도 예사였다.

- 해추선(海鰍船) 크기는 약 6m다. 김, 미역 등을 채취하는 데 사용한다.
- 해추선이란 이름은 1610년 나대용이 남해 현령으로 있을 때 배를 작게 만들면서 붙여진 이름이다. 당시에 배들이 무척 컸기에 좁은 곳을 사이사이 끼어 다니게 작은 배를 만들었다. 마치 미꾸라지가 이리저리 헤집고 다니는 모습처럼 빨랐다. 해추선은 미꾸라지에 비유해 지은 이름일 것이다. 이후 토선(吐船), 농토선(農土船), 해채선(海菜船) 등으로 불렀다. 현재는 해조류 등을 채취하는 데 사용한다고 채취선(採取船)이라 한다. 하지만 본래의 이름은 해추선이다.
- 아래 사진은 옛 배 선형을 알 수가 없어서 현재의 배 선형으로 만든 것임을 밝힌다. FRP선박은 폐선을 해야 할 때 썩지 않아서 많은 문제가 따른다. 그렇지만 나무배는 기름기만 제거하고 그대로 바닷속에 가라앉히면 자연스럽게 고기아파트가 되고 자연 부식되어 없어진다.
- 바다 환경을 생각한다면 다시 나무배를 만들어야 한다.
- 출처 : 《한겨레:온》 마광남-〈장인의길〉 연재글

마광남 선생님의 해추선 모형

배를 만들 계획이 있는 선주가 배목수를 선택해서 제작 주문을 할 때면, 선주마다 배에 대한 요구사항이 다양하다. 배 주문과 계약이 성사되면 배를 만드는 일이 시작되는데, 배를 만드는 공장이라는 '조선소' 같은 장소가 있기도 했지만, 해안가나 공간이 적당한 장소에서도 배밑을 앉히고 배를 만들기도 했다.

그런 장소가 육지의 '마을 앞 공터'이거나 누군가의 '집 앞', 혹은 '작은 섬'이거나, 고기잡이배가 있는 '항구'일 때도 있었다.

'동력선(動力船)'이 보급되면서 조선소 옆에는 원래 있던 '승냥간'들이 철공소로 바뀌게 되었는데, 배 못과 볼트 만드는 것이 주요 업무였던 대장간(승냥간)은 점점 사라지고, 엔진을 수리하고, 쇠를 깎는 기계인 '선반'에 쇠를 깎고, '용접일'을 하는 지금의 철공소가 늘어났다.

◆ 1970년대 설치했던 기차_레일과 상가대

조선소에도 배를 육지로 올리기 위해 기차 레일을 깔고 원동기를 설치하여 동력으로 배를 육상에 인양하는 설비들이 갖추어지게 되었다. 지금도 어선을 만드는 정도의 일을 하는 조선소들은 영세한 규모로, 큰 설비가 필요치 않다.

그렇게 해서 해안가 적당한 곳에서 만들던 것에서, 점차 조선소, 도크장 (Dock)으로 불리는 시설이 생겨났다. 시설이 좀 구비되고 1기통 엔진(야끼다마: やき だま)이 도입될 무렵에는 해안가 경사지에서 바다를 향해서 철도용 기차 레일을 깔아서 배를 육지로 올리고 내릴 수 있는 '공장(조선소)'이 하나둘 생겨났다.

'야끼다마'라는 엔진은 예전, 시골 방앗간에서도 동력으로 많이 쓰이던 것이 다. 조선소 만들 때 지금의 진해 명동 지역의 시골의 방앗간에서 엔진을 사 와 서 설치했었다. 엔진을 이용해서 상가대에 올려진 무거운 배를 육지로 끌어 올 리는 것은 대단한 일이었다. 배를 올리기 위해서는 '준비'를 잘해서, 배가 넘어 지지 않도록 상가대에 자리를 잘 맞춰 태우는 것이 중요했다. 육지로 올리는 것도 윈치(Winch)에 와이어 로프를 감아서 서서히 하기 때문에 시간도 조금 걸렸 다.

옛 방앗간과 조선소에 많이 사용한 엔진들

'야끼다마' 엔진은 시동을 거는 것이 매우 힘들었다. 엔진 몸체에서 제일 큰 부분인 '플라이휠(Fly-Wheel)'에 손잡이를 이용해서 시동을 걸게 되는데, 오른손 으로 손잡이를 잡아 돌리고, 왼손은 천장에 매달린 로프를 잡고 몸을 의지해 시동을 걸었다.

　시동이 잘 안 걸릴 때는 시동을 도와줄 사람이 하나 옆에 붙어 서서, 철사로 된 손잡이 끝 헝겊 뭉치에 경유·폐유를 묻혀 만든 횃불을 들고는, 엔진 흡기구 가까이에 들이대어 준다. 그러면 들고 있는 횃불의 불꽃이 엔진 흡입구로 들락날락하면서 시동을 걸기도 했다. 그러다 보니 시동이 걸릴 때까지 매연도 많이 나왔고, '1기통 엔진' 특유의 소리가 났다. 공기를 빨아들이는 소리가 폭발음과 함께 나면서 '푸시~ 푸시~ 통~ 통~ 통' 하는 연기와 굉음을 박자처럼 토해내곤 했다.

　배의 모양과 형태는 지금도 어촌이나 선창에서 쉽게 볼 수 있는 대표적인 형태인 배 앞부분이 둥근 원형으로 생긴 '유선형(유생가다)'인데, 흔하게는 '석조망배'로도 많이 불렀다.

　그리고 지금은 볼 수 없는, 특이하게 생겼지만 제각각의 용도에 맞게 발달한 배의 모양들이 있다. 가령 낙동강이나, 부산 명지 일대에서 만들었던 그 지역의 특성이 약간 담긴 해추선(뗀마)이나, 마산 진전면·진동면 일대 큰 갯벌, 해안가에서 주로 사용하던 해추선들이 있다.

　선체 구조 중, '배위'나, '배밑'의 구조가 약간씩은 다르지만, 한편으로는 그래도 '목선'이라는 큰 틀에서는 비슷하다고 할 수 있을 것이다.

　'뻘배'와 '해추선'은 일본식 표기로 '뗀마', '뗏마', '전마선' 등으로 불리기도 했으며, 모양도 몇 가지가 있다. 앞뒤가 비슷하게 사각형 모양으로 생긴 '강배' 혹은 '뻘배'라고 하던 것, 배밑 바닥면이 경사각이 거의 없는 편평한 모양으로 강이나 저수지에서 타던 배 등이 그 예이다.

강배들은 파도가 크지 않으며 가볍고 낮은 수심에 쉽게 이동해야 해서 수면 아래 배밑의 구조가 바다에서 타는 배들과는 다르다.

지역 구분	위치	내용
마산	진동면 진전면 수우섬 고현리	어선(자망, 통발, 채취선, 운반선, 관리선) 대절선(유람선, 도선) 후릿배(멸치잡이 보조선) 머구릿배(もぐり) 해녀배
진해	용원 안골 가덕도	대절선(유람선, 도선) 고대구리 이수구리 꼬막배
고성 통영	동해면 메이리 해금강	고대구리 이수구리 머구릿배(もぐり) 채취선(뗏마) 어선 유람선
사천	선구동	고대구리 이수구리 채취선(뗏마)
김해	낙동강 하구 녹산, 명지 일대	낙동강 '강배' 채취선 / 전마선(傳馬船) 낙동강 돛배(돛 1개-바닥이 평평함) 사각형 뻘배, 채취선(뗏마)
강원도	고성, 속초, 아야진 거진, 대진	명태잡이배 고등어배 오징어 낚싯배

지역별 대표적인 목선 용도(60년대 ~80년대 말)

또한 동력이 없던 배들은 배밑의 삼(밑삼: 선체 밑바닥 구조의 편평한 부분의 목재)이 지금의 일자(一字) 형태의 배 하부구조와는 달리 곡선을 그리면서 수면 위로 올라오는 형태로 되어 있었다.

 이해를 돕는 글   배밑의 삼

- 배 선체 밑바닥에 해당하는 것으로 평평한 부분의 목재를 말한다. '배밑삼'의 뒷부분이 수면 위로 드러나고 완연한 곡선을 보이는 이유는 배가 항해하면서 방향을 전환할 경우 측면 물살의 저항이 적어지고 쉽게 방향을 바꿀 수 있는 구조이면서 회전 반경을 적게 할 수 있기 때문이다. 또한 파도나 바람이 크게 일어 배가 영향을 받을 경우에도 흔들림이 적고 복원력을 좋게 하기 위한, 안전과 생존에 필수적인 구조였다.

뒷부분이 완만한 직선형으로 수면 아래에 잠겨 있다.

뒷부분이 완만한 곡선으로 수면 위로 올려져 있다.

어선들도 어떤 것은 배의 앞이 뾰족하게 솟아 있고, 어떤 것은 배 앞부분이 고무신이나 버선 앞코 같은 모양을 했으며, 또 어떤 것은 돛을 달았고, 어떤 것은 배 좌우로 난간 같은 것이 사용 용도에 맞게 길게 나온 것도 있었다. '박치기 다이'라고 불렀던 앞부분이 길쭉하게 오리 주둥이처럼 생겨서 배 앞머리에 사람이 타거나 내릴 때 발판처럼 사용할 수 있는 받침대를 달았던 배, 배 앞부분의 모양이 오징어 귀머리처럼 좌우로 넓이가 확장되어 있는 주낙배 등이 있다.

배 앞과 뒤를 길게 장대로 이어서 지붕을 덮고 사용하기도 했는데, 지붕에는 돛이나 가마니 같은 것을 걸쳐 텐트 같은 지붕 형태로 만들고, 그 아래 공간에서 비와 바람을 피하던 것, 배 뒷편에 기둥 같은 '짐대'가 달린 배가 있다.

이런 종류의 배들은 지금 그 실물은 거의 볼 수가 없고, 일부나마 사진으로만 간접적으로 전해지고 있는 실정이다.

일을 배우기 시작하면서 마산 진동면 일대를 시작으로 마산 시내 신마산, 중앙동 일대 조선소들, 그리고 진해 용원, 부산 가덕도, 김해~낙동강 녹산/명지, 서부 경남지역에는 남해, 고성, 사천 같은 곳, 강원도 고성~속초, 거진, 대진, 아야진, 부월리 등 헤아려보니 일을 따라 전국을 많이도 다녔다. 그 시절에는 목수들이 대부분이 그렇게 생활했었고, 직장이나 공장에 소속되기보다 전문 직업 목수로 몇 명이 팀을 이루어서 일을 다녔다.

그러다가 80년대에 들어서면서 어선에 FRP선체가 도입되면서 기존에 목선조선소는 FRP조선소나 수리조선소로 바뀌기도 했었다. 이에 따라 차츰차츰 배목수 일은 자연스럽게 조금씩 적어지게 되었다. 지금은 해안가를 돌아다니다 보면 '나무'를 사용해서 만든 목선을 보는 것이 쉽지 않은 일이 되었다.

목선이 사라지듯 자리를 내어주게 된 작은 계기 중에는 자연재해 탓도 있었다. 태풍 '매미'로 인한 피해로 목선의 단기간 조기 폐선이 일어나면서 빠르게 자취를 감추는 계기가 된 것으로 생각된다.

배를 만들고 항해하며 관리하던 기술을 배우고 전수하면서 누대로 이어져 오던 나무배로 만들었던 각 지역의 다양한 형태의 배 모양(선형, 船形)도 쉽게 볼 수 없게 되었다.

배를 만드는 목수들 중에는 통나무를 판재로 켜는 일만 했던 '고비끼(こびき[木挽(き)]'라고 불리던 목수도 있었고, 배가 만들어지면 목재 사이사이 물이 새지 않도록 '물막음'을 하는 '밥치는' 일만 전문으로 하던 목수도 있었다.

그리고 현장에서 일을 도와주던 보조 목수, 배 모우기가 시작될 때부터 도면을 그릴 수 있고 소요되는 목재와 들어가는 못, 볼트의 수량 등을 계산하고, 모든 작업을 총괄하던 '대목(대목수)'에 이르기까지 나름 목수도 전문 분야가 나뉘어 있었다.

◆ 강가로 보이는 곳에서 나무 켜는 목수(출처: 《백세시대》(신문))

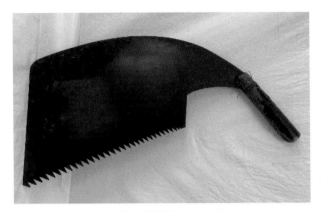

◆ 거두 톱, 흑대기 톱, 고비끼 톱

　그때 흔하던 목선들도 이제는 더 이상 찾아보기가 어려워졌고, 일할 때 사용했던 배목수들만의 '연장'도, 그 시절 사진도 거의 남아 있는 것이 없어서 글로, 그림으로, 모형으로 '나무배'와 '배목수'의 이야기를 남겨 본다.

- 김봉수

- 1장 -

나의 배목수
인생 이야기

1-1
. . . .
대장간 유년기

나는 1947년에 태어났는데, 1950년에 6·25전쟁이 터졌다. 4~5살 때 부모님을 따라 '김해쌀집'을 하고 있던 부산 다대포(多大浦) 외가로 피란(避亂)을 갔었던 기억과 부산에서 지냈던 일들이 조금은 기억에 남는다. 나중에 나이를 조금 더 먹고 커가면서 그것이 '전쟁'이었다는 것을 알았다.

전쟁 이후에도 물자가 워낙 부족하고 먹는 것이 좋지 않아서 아이들이 학교에 다니는 것보다 농사일을 도와야 하는 것이 더 큰 당면한 일이었다. 신발도 제대로 된 것이 없이 검정 고무신 신고, 책보자기를 메고 학교에 다녔다. 그때 아이들은 모두 다 자라서 지금은 그만한 손자·손녀를 두고 있을 할아버지, 할머니가 되었겠지만, 그분들이 자녀들에게 한두 번은 해주었을 이야기일 것이다. 누구에게나 그런 생활이 '일상'이었고 어른이나 애들이나 힘든 시절이었다. 대체로 겨우 국민학교를 졸업하고 더 이상의 공부는 없었다. 그것이 이상하지 않았고, 그렇게 배울 수 있는 여건이 되는 사람도 거의 드물었다.

아버지의 소개로 13살에 처음으로 일을 하러 간 곳은 지금은 대장간이라고

부르는 '승냥간'이었다. 옛날 말로 한다면, 일본말 '가지야(かじや, 鍛冶屋: 대장간, 승냥간)'를 말한다. 진동면 고현마을에 '박재운' 씨(박성열 씨 부친)의 조선소 승냥간에서 일을 시작했는데, 나중에 이종수 씨라는 사람에게 조선소를 넘긴 뒤에도 일을 했었다.

서너 명이 화로에 불을 붙이고, 불매를 불고, 망치를 두드려 가면서 배 못을 만들고, 볼트를 깎아서 배 만들 때 사용했다.

◆ 대못   ◆ 볼트   ◆ 활비비

화덕과 불매를 지금도 만들라고 하면 할 수 있을 것이다.

일반적으로 활비비(기리/드릴)로 나무에 구멍을 뚫고, 볼트를 쳐서 넣고 너트를 체결하여 힘을 많이 받는 부분의 목재를 붙이고 조립하는데, 가끔은 다른 방법을 쓰기도 한다. 활비비(드릴)로 구멍을 뚫는 일이 많이 힘이 들고 시간이 걸리는 일이다 보니 어떤 경우에는 달구어진 볼트를 뚫어놓은 나무 구멍에 박아 넣기도 했다, 연기가 나면서 박혀 들어가면, 나무에 단단하게 물려 있기도 했다.

배를 만드는 곳 중에는 멸치를 잡고 말리는 대형선단들이 있는 '기지' 같은 곳을 '멸치막'이라고 하는데, 그곳에서도 배 만들고 수리하고 하는 일이 많았다.

 멸치막

• 어촌마을 한쪽 어귀나 섬 같은 곳에 넓은 마당(건조장)과 창고를 갖추고 배가 접
  안할 시설이 갖추어져 있는 곳으로, 멸치 선단이 조업하면서 잡은 멸치를 멸치배
  위에서 바로 삶아 육상으로 운반하는 배들이 멸치를 가지고 와서 말리고 포장하
  고 유통을 하던 곳. 선단 배들이 들어와서 휴식하거나 배를 수리하는 등의 일을
  하는, 말 그대로 어업 기지와 같은 곳이다.

　　그때 많았던 배들은 '멸두리(멸뚜리)'라고 불리던 '멸치잡이배'였고, 진동면 섬
곳곳에 육지에도 '멸치막'이 여러 곳에 있었는데, 진동면 요장리 수우섬(씁牛島)
도 그중에 하나였다.
　　멸치막에는 '후릿배'라는 작은 배도 있었다.

　'후릿배'는 엔진이 달려 있는 큰 발동기 배가 앞에서 그물을 끌고, 뒤에 작은 목선이나 소형 동력선이 같은 반대편 그물을 잡아 펼치고 걷고 하는 것이다. 그때 내 나이가 열너댓 살이나 되었을까? 그래도 진동면 죽전마을에서 주도마을까지 4~5㎞ 정도 거리를 새벽에 걸어서 다녔다. 주도마을에서 섬으로 다시 600~700m 정도 '뗏마'를 타고 노를 저어서 섬에 도착했을 때는 아침이라고 겨우 챙겨 먹은 것이 소화가 다 되고 없을 정도였다.

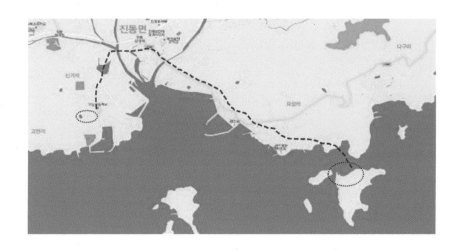

◆ 주도마을에서 바라다 보이는 '수우섬'

섬에 일을 하러 다니다 보니, 바로 아래 남동생이 국민학교를 겨우 졸업하고 멸치막에서 일하는 것을 본 적이 있었다. 국민학교 졸업한 애가 커 봐야 얼마나 크고, 일을 해 봐야 얼마나 할 수 있겠나 싶은 것이 지금의 부모 심정이겠지만, 옷도 귀하던 시절 멸치 그물로 만든 옷을 런닝처럼 입고 있던 모습에 그 당시에도 반가운 만큼이나 마음이 많이 좋지 않았던 기억이 있다.

모두들 '왜정시대'가 끝나고 찾아온 전쟁 뒤끝이라 무엇 하나 제대로 된 것이 없고 아쉬운 것투성이였다. 그것이 비단 물자처럼 물질적인 부분도 있었지만, 사람들은 사람들대로 생존에 대해 본능적일 수밖에 없었던 시절로 생각이 된다.

수우섬(진동면 수우도)에서 일했고 다른 곳에도 3~4년 일을 다니면서, 마산 시내의 조선소에서 일을 했었다. 고맙게도 그 당시 기술을 더 배울 기회가 있어서 저녁에 야학 같은 곳을 다닐 수 있게 되었는데, 마산 시내에 있는 '만해고등기술학교'가 그곳이었다.

낮에는 일하느라 밤에는 몸이 힘들었지만, 그래도 새 기술을 배울 수 있는 것이 좋았다. 만해고등기술학교의 위치는 현재의 '마산의료원~세무서' 인근 자리로 생각이 된다. 수업료를 낸 기억은 없는데, 수업을 듣는 사람은 소수였다. 대부분 돈 벌어 먹고살기 바쁜 시절이었고, 홍보할 방법이 많지 않아서 그랬는지 사람이 많지는 않았다. 수업을 듣는 사람은 적을 땐 12명, 많을 땐 20명 정도 수준으로 몇 달간의 교육이 진행되었다.

그 당시 내가 배운 것은 주로 도면을 그리는 것이었다. 현장의 기술도 어느 정도 수준에 이르고, 현대식 도면 기술도 배우고, 나이가 들어가니 혼자서도 일을 맡아서 할 정도가 되었다. 당시는 대략 적게는 6년 이상 매달 '배목수'로 일거리가 손에 떨어지지도 않았던 시절이었다.

목선 한 척을 만드는 데 걸리는 시간은 대략, '고대구릿배'와 같은 큰 배는 목수 4명이 시작하면 18일~23일 정도 일을 진행하는데, 한 달에 한 척 정도 진수가 된다고 보면 일반적이다.

작은 배를 만드는 것은 배목수 한두 명이 붙어서 시작하면 며칠 걸리지 않는다. 보조 목수(데모도)나 목수의 가족, 혹은 선주나 누가 일을 거들고 잔심부름을 해주면 많이 수월해진다. 무거운 목재를 들고 고정할 때 잡아주거나, 받쳐주어야 했기 때문이다. 수작업으로 진행하는 것만큼 뒷받침하는 소소한 일들이 많았다.

배가 다 만들어지고 나면 배 내리는 것을 '진수식'이나 '배 내린다'고 하는데, 날짜는 선주가 원하는 날이 있었다. 배를 내릴 '길한 날을 받는(택하는)' 것이 일반적이었다.

배가 만들어지는 과정의 60~70% 공정이 진행될 즈음 되면, 선주는 배 내릴 날을 받으러 자주 가는 사찰이나, 동네 '풍수(風水)'를 하시는 분들을 통해서 배 내릴 날을 받아온다. 선주들이 배목수인 나에게 요청한, 배 내린다고 한 '길일(吉日)'들은 대부분 '돼지날(亥日)'에 해당했던 것 같다.

선주가 꼭 원하는 날을 재촉할 경우 목수 한두 명을 더 작업에 붙여주면 날짜를 가늠하고 조정할 수 있었다. 어떻게 보면 큰 배나 작은 배나 원하는 날짜에 배 만드는 공정을 맞출 수 있었다.

큰 배를 만드는 목수가 따로 있거나, 작은 배를 만드는 목수가 따로 있는 것이 아니었다. 그리고 그 시절에는 '일'이라는 것이 더우면 새벽에 시원할 때 나와서 하기도 하는데, 누가 시켜서 하는 것도 아니고 알아서 하루 일당의 '몫'을 스스로 하는 것이었다. '제값'하는, '밥값'하는 그런 목수인 것이다. 현재의 시간 기준으로 출퇴근하는 것과는 차이가 있었다. 농담처럼 "새벽 별 보고 나와서 해 질 무렵이 되어야 일을 마친다."라고 하였다. 일을 마치고 모여 앉아 늦은 참을 먹으면서, 내일 일을 가늠하고 얘기를 주고받고, 계획을 정리하고 헤어진다.

1-2
. . . .
마산~삼천포

18살 무렵에는 삼천포 노산 공원 밑에서 배 만드는 일이 많아서 거기서 지내면서 2년 가까이 일했다. 그러면서 마산지역 목수들에게도 연락해서 삼천포로 같이 일을 가기도 했었다. 삼천포 다닐 때 일도 많았었고, 품삯도 좋았다. 18~19살 즈음에 집에 왔을 때, 벌어온 돈으로 지붕 기와를 이었다.

죽전마을에 '안담'이라는 곳에 '기와하는 사람(瓦工)'이 있었는데, 기와 올리던 그때 날짜가 아직도 잊히지 않는다. 음력 10월 16일 기와를 다 해주기로 하고, 공사 마칠 때 아버지가 기와쟁이(瓦工)들에게 현금으로 돈을 다 지불했다. 그때 아버지도 나도 기분이 참 좋았다.

마산 시내로 일을 나갈 때가 있었는데, 새벽에 짚단(볏집)에 불을 붙여서 국도 변 '고현교(古縣橋)'까지 가야 버스를 탈 수 있었으며, 그나마도 버스편이 자주 없고 귀했다. 지금처럼 버스 정류장이 있는 것이 아니었고, 버스를 탈 사람이 지나가는 버스를 보고 손을 들면 그 자리에서 차를 세워 태워주곤 했었다.

마산 시내(현재 마산합포구 중앙동) 해안가 일대에 고수일 씨의 '중앙조선소'가 있었는데 거기서 일을 할 때 집에서 돈이 필요하다고 해서 돈을 챙겨서 버스를 타고 집으로 왔다. 그런데 집에 도착해서 점퍼 안주머니를 보니 칼자국이 나 있었고, 옷 속에 넣어둔 그 돈은 '온 데 간 데' 없었다.

잃어버린 돈을 찾으려고 얼마나 돌아다녔는지 해가 다 지고 나서야 집으로 돌아왔는데, 신문 조각이라도 바람에 날리면 돈인가 싶어 돌아보기도 했다. 그날 얼마나 울었는지, 태어나서 처음으로 술을 몇 잔 먹었는데, 막걸리를 서너 잔 정도 마셨다. 돈 잃은 서러움도 올라오고 해서 그런지 금방 술을 못 이기고 말았다.

수우섬 김이복 씨 멸치막에서 일을 하고, 그때 모은 돈으로 집에 송아지 한 마리를 구입했었다. 그때 할아버지, 할머니께서 살아계실 때였는데, 어른들이 새끼돼지를 진동면(面) 시장에서 사 와서 키우기도 했고, 논 서 마지기를 사들이기도 했었다.

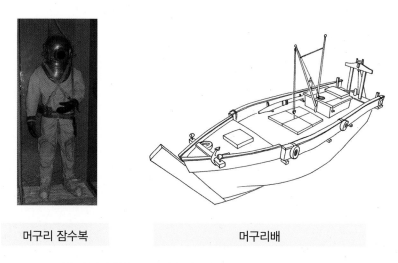

머구리 잠수복   머구리배

잠수복 전체 착용 모습(신발, 옷, 납 벨트, 모자, 안전줄, 산소 호스)

나의 할아버지(김차곤, 金且坤 1890년~1975년)께서는 일제강점기 '잠수부'일을 하셨다고 한다. 그때 말로 '머구리(모구리)'라고 부르던 일을 하셨다. 누런 고무옷을 입고 머리에 둥근 '유리공'처럼 생긴 헬멧을 쓰고, 허리에는 '납벨트'를 매달고 '공기호스'와 '생명줄'을 달고 물아래 내려가서 일하는 것인데, 장비와 기계가 흔하지 않던 시절의 '신기술'인 셈이었다.

　창녕군 남지읍에는 현재는 차량이 다니지 않는 옛날 다리가 있는데, 그 다리를 놓을 때 "잠수부로, 수중 기초작업을 했었다."라고 얘기하시던 것이 기억이 난다.

남지 철교

• 길이: 391.4m(착공: 1931년 / 준공: 1933년)
• 운용: 1933년~1996년 차량통행 제한

부산 가덕도~강원도 재해 복구

(1967년~1969년)

　부산의 가덕도 대항, 외항포라는 곳에서 도선을 만들기 위해 목수 몇 명이 가덕도에 일하러 갔었는데, 그 일을 마칠 때 즈음 강원도 태풍-해일 피해 복구 사업이 관공서 주도로 한다고 하면서 배목수를 모집했다. 그때가 1967~8년 경이었던 것 같다. 부산에 있는 경남도청, 상공회의소 같은 곳에서 면접을 보고 1차로 선발된 사람은 19명이었다. 그분들의 고향은 마산, 거제, 진해, 부산, 구룡포 등 다양했다.

　박정희 대통령을 '밀가루 대통령'이라고 농담 삼아 불렀는데, 당시에 밀가루 일곱 포, 편지지, 편지봉투, 볼펜 등의 물자를 지급했기 때문이다. 그때는 먹을 것도 귀하던 시절이라 밀가루 받은 것은 좋은 일이었지만, 받은 밀가루를 가지고서는 강원도로 올라갈 수도 없고, 각자의 고향으로 이고 지고 갈 수도 없었다. 그래서 할 수 없이 배목수들은 밀가루를 팔기 위해 부산역 주변을 돌아다녔다. 거의 대부분 중국집에 밀가루를 팔아서, 그 돈을 여비에 보태어 강원도로 출발했다.

　출발 전, 추가로 지급된 것이 '재건복'이라는 옷 한 벌과 '골댄(코르덴) 바지', 작업복에는 '경남'이라고 적힌 완장을 채워 주었다. 선발된 목수들은 각자의 간

단한 짐과 제일 중요한 이장끼(이장궤: 공구상자)를 싣고 부산역에서 밤 열차를 타고 서울로 출발했다.

대전역을 경유할 때, 거기서도 '이장끼(궤)'를 들고 있는 사람들이 몇 명씩 짝을 맞춰 기차에 올라타는데, 그냥 무심히 봐도 우리와 같은 일로 '강원도 가는 배목수'라는 것을 짐작으로도 알 수 있었다.

◆ 1960년대에 만들어서 현재까지 사용하고 있는 공구함—이장궤(끼)

서울역에 도착해서 지역별 인원 파악이 끝나자, 이장끼(이장궤)는 대한통운 트럭에 싣고, 각자 모든 짐을 챙겨서 준비되어 있던 버스를 타고 목적지 강원도를 향해 출발했다. 나중에 세월이 한참 흐르고 친척 결혼식 참석을 위해 서울역에 잠시 내려서 밖을 쳐다보니 그때 배목수들이 기차를 타고 내려서 버스로 갈아탔던 그곳이 지금의 '대한통운' 자리였다.

배목수들을 모아놓고 정부에서 높은 분이 와서, 좋은 말씀도 하고 가시고 했는데 장관이라고 했었다. 그때 내무부 장관, 강원도지사가 '박경원' 씨였던 것으로 기억한다.

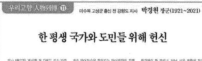

◆ 출처: 이북도민 작가 이동현 씨 Blog

버스가 서울에서 출발해 달릴 때는 버스 앞에 경찰차가 '콘-보이(호송)'를 하면서 가고 있었다. 서울을 빠져나와서 얼마를 왔는지 한참 차를 타고 왔다 싶을 때, 강원도 경계 즈음에 들어서자 경찰차는 돌아가고 군용 헌병차가 다시 '콘-보이'를 하는 것이었다.

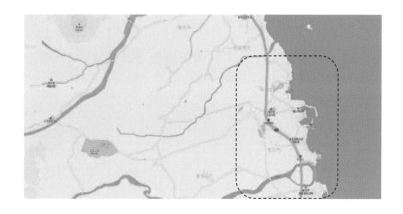

강원도에 도착한 '경남의 배목수'들이 내린 곳은 고성군 토성면 '아야진'이었다. 그 당시, '아야진(我也津)'은 작은 동네였는데, 도착해서 해결해야 할 일은 배목수 19명이 모두 다 먹고 잘 곳을 찾는 것이었다. 수소문 끝에 그 동네 '강 사장'이라는 사람의 주선으로 '영신 여인숙'이라는 곳에서 단체로 먹고 자게 되었다.

일한 대가로 보수를 받는다고 하면 요즈음은 모두 월급을 생각한다. 하지만 그 당시에는 '일당(日當)'이 일반적인 임금 계산 방식이었다. 목수들은 일하는 중간에 며칠 단위로, 또는 배를 다 만들고 나면 보수를 계산해서 받았다.

경남 일대에서는 일반적으로 "일한 것을 '해기' 뗀다."라고도 하였다. 이것은 출근부 같은 것으로, 일하는 기간 동안, 한나절, 반나절 일한 내역을 기록한 것으로, 목수와 고용주(선주, 조선소) 상호 간에 각자의 기록을 대조하고 이상이 없을 시 계약된 하루 일당을 일한 날짜(日)만큼 계산해서 받는 것을 말한다.

각자 나름대로 기록을 적는다고 해도, 확인을 하나 마나, 적으나 안 적으나, 그것이 틀리거나 양심 바르지 않은 일은 전혀 없었고, 힘든 작업 중에 잠시 하루 술이 곁들여지는 날이고, 돈도 생기고 하니 기분이 좋은 날이다.

강원도 일을 할 시기에는 임금(賃金)을 계산할 때는 일한 일수(日數)가 아니라 배 만들 때 들어간 나무 양(量), '한 사이(さい, 才): 목재 부피 단위의 하나)' 당 가공비(手工)로 해서, 목수 수당을 계산했었다.

'배밑'이 되는 나무를 크고 두껍고 튼튼하며 크게 만들수록 나무가 많이 들어가고 돈도 많이 벌게 되는 방식인데, 파도와 바람이 거센 지역이고 조업하는 여건에 맞게 배 구조가 튼튼해야 했다.

강원도의 배들은 경남지역의 배와는 다른 특징이 있었는데, 배 앞부분 '선수'의 기둥 역할을 하는 큰 목재인 선수재(미요시)의 경사각이 수직에 조금 더 가까이 서 있는 편이고, '뼈대'라고 할 수 있는 고부랭이(마스라)를 촘촘하게 많이 설치하고, 큰 것을 선호하였다. 남해안과 달리, 파도와 바람이 센 곳이어서 선창에서 배가 정박 중에 배끼리 부대끼다가 파손되는 것을 막기 위해 그런 구조적인 요구사항이 있었다. 바람과 파도를 잘 이기고, 튼튼하게 만드는 것이 목적인 것이다.

각 지역의 바다 여건에 따라 배의 크기와 모양이 조금씩 특징적인 것이 있다 보니 배목수나 어부들은 배의 모양과 형태만 보더라도 어느 지방의 배인지 알아볼 수도 있었다.

'아야진'을 시작으로 속초 '동명항' 안에 있는 길옆 논에서도 '배밑'을 앉히고 배를 만들었는데, 한 번에 많은 배를 앉혔기 때문에 길옆에 나무들을 '주욱' 늘어놓고 여러 척의 배들이 만들어지는 모습은 다시 볼 수 없을 장관이었다.

◆ 1968~1969년 속초항 주변 208척 어선을 동시에 만드는 광경(출차: KTV)
　나와 경남의 배목수들은 2조에 편성되어 사진의 좌측 부근에서 일했다.

배목수들이 강원도 속초에서 재해 복구반에 편성되어 한 번에 많은 배를 만들었던 이야기를 말로만 해왔었는데, 얼마 전에 그 당시 텔레비전 방송에 나왔다는 것을 알았고, 주변에서 스마트폰으로 찾아서 보여준 그 당시 뉴스를 다시 보니, 감회가 남달랐다.

재해복구사업 개요

- 사업 명칭: 영동지구 재해 복구
- 투입 인원: 배목수 750명 / 연인원 70,300여 명
- 제작 기간: 1968년~1969년(5월 31일 진수식) / 박정희 대통령 참석
- 건조 수량: 208척(10톤급 196척 / 15톤급 12척)
- 탑재 동력: 최신 듸젤(디젤) 기관 탑재 어선 건조
- (참고자료: 유튜브 KTV 대한뉴스 제709호 - 밝아 오는 어촌)
- (참고자료: 유튜브 KTV 대한뉴스 제728호 - 밝아 오는 새어촌)

전국에서 선발되어 온 배목수들이 강원도 속초에서 '208척' 정도의 배를 만들어냈다고 들었다. 넓은 해안가 논, 길옆에 늘어선 건조 중인 배들과 원목들이 눈앞에 생생하게 그려진다.

거기서 일을 계속한 사람 중에는, 강원도 속초에 눌러앉아서 살게 된 사람도 있었다. 고향 마산사람 중에도 속초에 자리 잡은 이가 있었는데, 아직 살아 있을지 알 수는 없다.

재미난 사실은, 당시 만들어서 진수했던 배들이 진수식 사진과 같이 배 크기와 모양이 모두 같아서 '전부 한 가다(틀)'라는 말들을 하면서 웃었던 점이다. 배 이름을 보지 않으면 누구의 배인지 금방 알아보기가 곤란할 정도였다.

◆ 명태잡이 어선 건조 모습(출처: KTV)

◆ 항구의 명태잡이 배(출처: KTV)

◆ 영동지구 재해 복구 어선 진수식(출처: KTV)

◆ 진수식 참석한 박정희 대통령(출처: KTV)

◆ 건조장에서 진수를 기다리는 목선들(출처: KTV)

◆ 진수식 후 정박된 새 목선들(출처: KTV)

'화진포(花津浦)'로 일을 하러 들어갔을 때가 있었는데, 목수 12명은 일을 수주하지 못했었다. 거기에서는 목수 50명이 와야 할 일이라고 해서 일을 시작할 수가 없었다. 나중에는 속초로 숙소를 옮겨 일하게 되었는데, 그때 속초 시내에서 '종이 표' 같은 것을 나눠주고 물(식수)을 배급했던 기억이 있다.

속초에 있을 때 같이 간 목수 중에 고향이 '구룡포'인 사람이 있었는데, 이 사람 이름은 잊었지만, 집에 누군가가 무속 일을 하는 사람이 있다고 들었던 것 같다. 술을 한잔하고 나면 북과 장구를 잘 치며 노래도 잘해서 재미가 있었고, 그때 나도 장구 치는 것을 어설프게나마 배웠다.

속초에서 일할 때 겨울 '눈 장마'가 내린 적이 있었는데. 40일가량 눈이 왔던 것 같다. 고향 마산에서 눈 구경하기도 힘들었는데, 참으로 딴 세상이었다. 눈 장마(暴雪)로 외출도 못 하고 집 안에 있는 시간도 길었고, 볼일이 있어서 집 근처나 옆집을 왕래할 때도 쌓인 눈을 치워야 이동할 수가 있었다. 이럴 때 이동하기 위해서 강원도 사람들이 사용하는 특이한 방법이 있었다. 집과 집이 연결된 줄(로프)을 후려쳐 돌리면 쌓였던 눈이 치워지면서 이동할 수 있는 통로가 열렸다. 처음 봤을 때는 참 신기한 광경이었다.

속초 부월리 숙소에 있을 때, 장애가 있는 '고 씨'라는 사람과 숙소에서 방을 같이 사용하게 되었다. 그때 '눈 장마'로 오래 함께 있으니 불편한 것이 하나 있었는데, 제대로 씻지도 못하고 거동이 불편하니 이불이나 런닝에 이(머릿니)가 많이 있어서 같이 있을 때나 잠잘 때가 되면 가렵고 불편해서 잠을 설치곤 해 많이 힘들었다. '띠띠가루(DDT 가루)'라고 부르던 것을 뿌리고 하며 여러 방법을 써봤던 기억이 난다. 그래도 고향에 온 뒤 고 씨와는 편지를 주고받는 사이가 되었다.

눈이 많이 오고 나면 외출도 힘들었고, 일터에 나가기도 쉽지가 않았다. 옷을 챙겨 입기는 했지만, 추위를 이기기에는 역부족이었다. 양말을 두 겹 신고 나가도 발이 시린 추위는 감당이 안 되었다.

일하는 곳에서는 먹통이 잘 얼어버리는데, 먹줄을 튕기거나 먹칼을 쓰려고 하면 제대로 몇 번 사용을 못 하고 얼어버리기 일쑤였다. 먹통에 소금도 넣어보고, 물을 데워서도 해보고 했지만, 얼마 못 가서 또 얼어버렸다.

그런 와중에 그나마 여유가 있었던 것은, 배 만드는 공장(조선소)에 제일 흔한 것이 '나무'였다. 늘 드럼통이나 깡통에 모닥불을 지펴 두고 몸을 녹여가며 일하는 '호사'를 누렸다고 할 수 있다.

60년대 중·후반으로 갈수록 점점 눈에 띄는 변화가 있었는데, 그것은 선박 추진방식의 변화였다. 일반적으로 '노 젓는 배'도 있었고, '돛'을 달고 다니는 배들도 있었지만, '어선'이나 '작은 배'들도 엔진을 탑재하기 시작하면서 기계배(동력선, 動力船)가 점점 늘고 있었다.

'뗀마', '주낙배', '돛배'처럼, 작은 규모에 속했던 배들이 큰 배들과 마찬가지로 점점 엔진을 달고, 고기 잡는 방법에도 현대화가 진행되었으며, 배의 크기도 조금씩 커져갔다.

돛이나 노를 이용해서 간다고 하면, 마산 진동에서 4시간은 걸려야 갈 수 있었던 거제 칠천도 앞 '괭이섬'을 1시간~1시간 30분이면 충분히 도착할 수 있는 동력선들이 점점 늘어갔다.

최근 200~300마력(馬力) 이상 엔진이 일반화되면서 현재의 배들은 괭이섬까지 30~40분이면 도착할 수 있다고 하니 실로 엄청난 시간의 단축이다. 노를 저어야 했던 시절에 비한다면 고단한 수고로움이 획기적으로 진전된 것이다.

한번은 80년경인데, 목선에 선내기 엔진을 2개를 달아 달라는 주문이 있어서 처음으로 배 구조를 특이하게 해본 적이 있었다. 배 뒤에서 보면, 'm' 자 모양으로 뼈대를 세우고 삼(스기-판재)을 여러 개로 나눠 붙인 뒤 좁은 공간에 '물막음' 하는 '밥을 치느라' 매우 힘들었던 작업이었다.

'밥 치는 일'을 하다 보면 배목수 장갑은 왼손 두 번째 손가락 첫 마디가 모두 헤져서 구멍이 쉽게 난다. 끌을 쥐고 반복해서 밥을 치는 일을 하다 보니 두 번째 손가락만 장갑이 빨리 헤져 버리는 것이다. 그렇다고 몇 시간 단위로 멀쩡한 장갑을 바꿔 가면서 할 수도 없으니, 런닝을 뜯어서 손가락에 감고 일했다.

배를 수리할 일이 가끔 생기는데, 정박 중이거나 조업 중인 배들에 물이 배어 나와서 물 막음을 해달라고 할 때, 밥을 치고 '빠데(퍼티: 틈새 메우기)' 작업을 해주기도 하고 그렇게 해서도 안 되는 정도라서, 목재를 교체해야 하면 조선소로 배를 옮겨가야 한다.

이해를 돕는 글   **'물막음 / 밥치는 일'**

- 나무와 나무를 붙인 부위에 물이 배어들어 새는 것을 막기 위해 삼나무(스기) 껍질을 가공하여 섬유질만 남은 상태로 만들어서 나무의 이음새나 틈새에 삼나무 껍질을 박아서 처넣는 작업을 말한다. 작은 새끼줄처럼 엮거나 꼬아서 무딘 끌(알기)을 이용하여 박아넣는 것이다. 그렇게 하면 선체로 배어 나올지 모르는 물을 막을 수 있다. 재질은 삼나무 껍질(댓끄리) 외에도 면사로 된 실다발을 사용하기도 했다.

삼나무 댓거리

밥치기 위해 새끼처럼 꼰 댓거리

면사 보우시키

초기 동력선(動力船)들은 경운기 엔진이나, 진주 '대동공업사'에서 제작한 '1기통 7마력', '2기통 15마력' 엔진을 장착하였다.

대동공업

- ○ 1947년 '대동공업사'(진주에서 설립)
- ○ 1949년 발동기 생산
- ○ 1962년 경운기 생산
- ○ 1966년 '대동공업주식회사' 상호 변경
- ○ 1966년 선박용 7마력, 15마력 디젤 엔진 생산

진주 '대동공업사'라는 곳에서 디젤 엔진이 나오고, 외국에서 '얀마', '구보다' 하는 엔진들도 많이 들어오고 하면서 작은 어선에도 점점 엔진을 달았다. 이에 따라 배목수들은 엔진 구조에 맞는 배 구조를 고안하고 설계해서 선체 크기도 커지고, 편의 시설도 늘어나는 형태로 변화해 왔다.

목수들과 철(鐵)일 하는(철공소) 사람들이 대동공업 공장 견학을 가기도 했다. 국산 선박 엔진이 나왔다는 사실은 그 당시 대단한 일이었다. 지금은 배들이 모두 엔진을 기본으로 달고 운항하고 있으니 엔진이 없던 돛배나 노를 저었던 배들이 조선 시대에나 있었던 것인 줄 생각하는 분들이 더러 있다. 하지만 국산 엔진이 66년도 처음 나왔으니, 엔진이 일반화되고 돛배와 노 젓는 배들이 같이 정박하여 있던 풍경은 80년대까지도 간간이 볼 수 있는 모습이었다.

'통통배'라는 말이 그 시기를 정말로 잘 표현해 주는 말인 것 같다.

◆ 대동 2기통 15마력 선박 엔진, 세월의 때가 녹처럼 보일지라도,
기름진 엔진 내부는 아직 쌩쌩할 것이다. (출처: 블로그 '나의 통영 귀촌일기')

   대동공업의 초기 국산 해상기 엔진 관련 자료를 찾기도 쉽지 않았고, 실물
이 남아 있을 거라고 생각도 못 해 봤는데, 통영으로 귀촌하신 어떤 분이 배
를 수리하고 관리하시어 현재까지도 정상 운항이 가능한 대동 15마력 엔진이
있었다. 지면을 빌어 블로그 '나의 통영 귀촌일기'를 운영하시는 일성호 선주님
께 감사드린다.

1-4
·····
군대 생활 ~ 고향 배목수

그 당시, 군 입대를 미루고 같이 일했던 목수가 있었는데, 미루고 미루다 병무청 공무원에게 어떻게 잘 보이면 보충역으로 빼주기도 한다고 해서 막걸리한 말을 사서 같이 모여서 술을 먹게 되었다.

그때 우리와 같이 술을 먹던 일행 중에 통영 사람 '손영광'이라는 이가 있었다. 그런데 술자리가 어느 정도 깊어지더니 사람들끼리 대화 중에 뭐가 많이 거슬렸는지 어쨌는지 병사계 공무원과 그 사람이 그만 시비가 붙었고, 손영광이 공무원을 주먹으로 패 버렸다.

술 한잔 대접하고 잘 얘기해서 보충역으로 빠져 준다면 좋았겠지만, 이 사건으로 인해 술 마시던 사람 전부 보충역은 고사하고 모두 똘똘 뭉쳐서 군대를 가야 했던, 말 그대로 끌려가야 했던 웃지 못할 일이었다.

창원 39사단으로 입대하여 훈련소에서 기초훈련을 받고 강원도 홍천에 있는 '수송학교'로 보내져서 운전병 교육을 추가로 받게 되었다.

그 당시 운전병 교육생이었다면 다들 아는 것처럼 오른쪽 옆머리가 많이들 피곤(?) 아닌 피곤을 겪었었다. 군용 차량이라 운전병 군기(軍紀)가 세기도 했었고, 사고에 대한 대비책으로도 엄하게 하는 부분이 있었다.

운전교육 기간 동안, 핸들을 잡고 있는 교육생들은 실수할 때마다 훈육하는 조교나 교관들이 주는 벌칙을 오른쪽 옆머리로 모두 받아야 했기 때문이다.

어쨌거나 사회에 자동차가 많이 없던 시절이었으니, 군대에서 자동차 엔진도 분해·조립을 해보고 운전도 배우고 하면서, 사회에서 배울 수 없는 한 가지는 배우고 나오는 것이 그 당시 군대이기도 했었다.

그렇게 운전병 교육을 마치고 경기도 의정부로 자대 배치가 되었다. 나중에 세월이 흘러 막내아들이 군 입대를 하여 면회를 가게 되었는데, 그곳이 내가 운전병 교육을 받았던 '홍천 야전수송학교'였다. 제대한 지 20년 하고도 몇 년이 훌쩍 지나버린 오랜 세월인데, 그 시절 수도꼭지도 그대로인 것 같아서 옛날 생각이 많이 났다.

내가 강원도, 경기도에서 군대 생활을 할 때, 멀리 마산에서 누가 면회를 와 줄 사람도 없었고, 누가 면회를 온다는 '기대'도 해 본 적도 없었다. 그런데 아들 면회를 가면서 내 젊은 시절 군대 면회에 대한 생각이 마음 한곳에서 아련하게 떠오르면서 막내아들에 대한 연민도 더해 가는 것 같았다. 그리고 군용 지프차를 타고 달렸던 그 길을 이제는 내 차를 타고 달리고 있는 사실에 더해, 내 시간과 아들의 시간이 운전병이라는 공통점으로 교차해 겹겹이 감회를 불러일으켜 주고 있었다.

신병교육대 훈련과 운전병 교육을 모두 마치고 나서 처음으로 자대배치를 받은 곳은 경기도 연천군 20사단 사령부였다. 그리고 얼마간 근무하다가 28사단 포병대 수송병으로 전출가서 근무했고, 다시 미군 포대 인수 이후 26사단

백의리 수송병으로 가게 되면서 근무지도 몇 번 이동이 있었다.

부대 내 업무 중에 목수 일을 해야 할 때가 있었는데, 망치를 잡고 일하는 것을 가만히 보고 있던 중대장이 옆에 다가와서는 밖에서 배목수 했었냐고 묻는 것이었다. 그렇다고 대답했더니 그분 부친도 경기도 전곡면에서 배목수를 하셨다며 반가워하였다. 망치를 잡고 천장으로 올려치는 자세를 보니 '배목수'가 망치질하는 모습이라서 물어봤다고 한다.

나중에도 중대장과 많은 이야기를 나누었는데, 그러다 보니 사회에서 배목수 하다가 입대해서 운전병이 되었지만, 부대에 와서도 목수 일이 간간이 주어졌다. 이리 가나, 저리 가나 '목수'였다.

제대를 얼마 앞두고 있을 때는 점호를 마치고 누워 있으면 잠이 잘 오지 않았다. 나가서 뭘 해 먹고 살아야 할지, 답도 없는 고민들이 제대하는 날까지도 끝나지 않았다. 제대해서 집에 간다는 것도 한없이 좋았지만, 그만큼 걱정도 있었다. 그 당시 속담 중에 "'제대하는 날 심정', '결혼하는 날 심정'이라면 세상에 못 할 일이 없다."라는 말이 있었다.

고달프고 힘들었던 경기도에서의 군대 생활도 제대할 날이 오긴 왔다. 36개월 5일 만에 제대해서 고향으로 내려오게 되었는데, 다시 마산 시내에 '중앙조선소'에서 일을 하였다.

그리고 얼마 뒤, 당시 중매하던 '광주댁'이라는 사람이 있었는데, 그분을 통해 중매가 와서 선을 보러 가게 되었다. 선을 보고 나서 시간이 흘러 '밀양 박씨'와 결혼을 하게 되었는데, 바로 지금의 집사람이다.

◆ 결혼식(1972년 10월)

밀양 박씨 집성촌인 산골마을 집 마당에서 결혼식을 하였는데, '집성촌'이라서 한 집의 결혼은 그 마을의 '동네잔치'와도 같았다. 처가 집안 어른들께 인사다니고, 저녁이면 술도 한잔하고 지내는 동안 며칠이 훌쩍 흘러갔다.

결혼식을 하고 마치고 고향집으로 와보니 처가에 있는 동안 아버지께서 공구함을 버스, 리어카로 실어서 고향집으로 모두 옮겨 놔 버리는 일이 생겼다. 그리고, 그 연장들을 고향집 인근 '고 사장'이라는 사람의 새로 생기는 조선소에 가져다 놔 버렸었다.

'리어카'도 귀했던 시절이었다.

결혼하고 집사람은 죽전마을에서 옆 장기마을로 1.3km 정도의 거리를 점심밥을 해서 머리에 이고 다녔다. '큰대야'에 밥을 이고 오면 갈 때는 '도치밥(도끼밥)'을 대야에 담아 머리에 이고 돌아갔다.

 **이해를 돕는 글**   도끼밥

- 톱질할 때 나오는 나무 부스러기는 '톱밥', 대패질할 때 나오는 나무 부스러기는 '대패밥', 도끼질할 때 나오는 것은 '도끼밥, 경상도 사투리로 도치밥'이라고 말하곤 하는데, 작고 굵기가 적당해 아궁이 불 지피는 용도로 좋았다. 대부분의 집들이 '무쇠솥'이 있는 아궁이에 군불을 지피면서 연탄보일러도 같이 사용하고 있을 시기였고, 마당이나 부엌 앞에는 드럼통을 잘라서 만든 솥을 얹은 화덕도 심심치 않게 있었다.
- 밥을 머리에 이고 나르는 동안 집사람이 고생이 많았을 텐데, 그저 일상이려니, 먹고살려고 아등바등 노력하는 그것이 삶이라고 생각하였기에 말 없는 그 수고가 한편으로는 '말 못할 고생'이기도 했다고 생각한다.
- 상수도가 없어서, 머리 위에 수건으로 동그란 'O'자 모양의 '따바리'를 만들어 올린 다음 양철 물동이를 머리에 이고 우물물을 퍼 날라서 생활용수와 식수로 사용했었다.

• 마을에 우물이 5개 정도 있었는데, 매일 사용할 정도의 물을 머리에 이고 퍼와야 했고, 식수도 생활용수도 모두 그렇게 충당했으니, 그때는 당연하였던 그 시절의 일상이 지금 생각해 보면 무척 힘들고 어려운 일이었다고 생각이 든다. 우물이 있는 집이나 우물가 집들이 얼마나 부러웠을까…. 이제, 늙어서 나마 "여보 박옥희씨 나 만나 산다고 고생 많이 했소, 정말로 고맙소" 라고 말하고 싶다.

그 시절 물동이
(사진 출처: 뜨란채 민속품)

그리하여 갑자기 고향 진동으로 돌아가서 일해야 했는데, 시설이 갖추어져 있던 상태가 아니라서 처음에는 배 만들면서 조선소도 만들어야 했다. 기차 레일을 사 와서 배를 올리고 내릴 수 있도록 '독(Dock) 상가대'를 만들고 침목을 설치하는 일을 꽤 오랜 시간 동안 했다. 엔진은 지금의 진해구 명동 일대에 있었던 방앗간 기계를 사 와서 설치했었다.

그렇게 준비하고 다닌 시간 동안은 일당도 없이 일했다. 구입한 중고 야끼다마(燒球) 엔진을 실은 '세발트럭'이 지금의 진해 명동 STX조선소 오르막 고갯길을 올라가지 못해서 경운기를 빌려 끌고 해서 겨우겨우 무거운 엔진을 싣고 진동까지 거의 40㎞ 거리를 엉금엉금 기어가듯 운반해 왔다.

육지에서 바다 방향으로 길게 철도 레일과 침목을 연결하여 약 50m 정도의 길이로 바다 방향으로 길게 늘여 놓고 바닷물이 들어올 때면 뗏목을 띄워서 좌우로 기차 레일을 매달고 바다 방향으로 설치했다.

바다 위 '뗏목과 육지'의 양쪽 끝단의 철도 레일이 가지런한 일자(一字)가 되면, 뗏목에 묶여 있던 기차 레일 끝부분에 묶었던 로프를 동시에 도끼로 끊어 바다로 내려 앉혔다.

◆ 선대(센다이[船臺]): 육상에 배를 올리기 위하여 만든 받침대

실제 그 작업은 생각처럼 수월하지 않았다. 기차 레일이 길이가 길고, 무게도 많이 나가는 데다 바람이 불어 물 위에 있는 뗏목도 움직였다. 묶은 줄을 도끼로 내려쳐 순식간에 양쪽을 끊어서 바다로 가라앉혀야 하는데 도끼날을 잘 갈아서 시퍼렇게 날을 세운 다음 여러 번 시도해도 기차 레일을 반듯하게 물속에 가라앉히기가 쉽지 않았다. 여러 번 많이 고생해서 레일을 놓고 나면 돌멩이를 주워 와서 레일 주변에 깔아야 하는데, 호박돌 정도 크기라서 돌을 나르고 옮기는 일도 오랫동안 조금씩 조금씩 시간을 두고 진행했다.

◆ 그 당시 설치했던 철 레일

레일 밑부분에 있는 철도 침목 사이사이에는 높이를 맞추기 위해서 돌멩이를 끼워 주면서 다시 조정 작업을 해야 하는데, 지렛대를 받쳐 고여가면서 돌멩이를 옮겨 괴어야 했다.

돌멩이들이 레일을 함께 받치고 있는 모습을 보면 레일뿐만 아니라 여러 날의 시간 동안 많은 사람의 수고로움이 함께 세월을 받치고 있는 것 같은, 시간과 노고의 흔적을 느끼게 된다. 세월이 흘러도 무더기무더기 돌멩이들은 그때의 기억을 말해 주고 있는 것 같다.

◆ 1989년경 마지막 목선 만들던 시절
주황색 페인트가 칠해진 건조 중인 새 목선과 수리를 위해 옆 공장에
올라와 있는 청록색의 대절선. 청룡횟집의 청룡호로 보인다.
1989년경인데 조선소 위에도, 바다 위와 접안해 있는 배들도 모두 목선이다.
1980년대~90년대 중반까지도 목선을 쉽게 볼 수 있었다.

◆ 태풍 '매미' 이후 녹슨 철 레일. 공장은 폐업 중이다.

- 2장 -

목선(한선)
만드는 이야기

2-1
....

배목수 연명부

가. 진동면 활동 목수: 1980년대까지 약 24명까지 확인

순서	성함	주요 활동
1	김삼랑	• 고향: 마산 진동면 고현리 • 나이: 1934년 ~ (90세) • 활동: 진동면 고현리 전진조선소 운영 • 16살 배목수 시작 • 부산지역 조선소, 마산중앙조선소 • 31살 진동면 고현리 목선 조선소 개업
2	고광익	• 고향: 삼천포 • 나이: 1922년 ~ 1995년(개띠) • 활동: 17살에 고향 삼천포에서 일본사람에게서 일을 배우기 시작함, 해방 후 포항, 통영 사량도, 마산 구산면 일대에서 일을 하다가 진동면 장기 마을(뒷개)정착 • 1973년 진동면 정착(장기 조선소)
3	이대우	• 고향: 마산 진동면 고현리 • 나이: 1933년생 닭띠, 돌아가신 연대 불명확
4	김수근	• 고향: 마산 진동면 고현리(1980년대 후반까지 활동) • 나이: 돌아가신 연대 불명확

5	이명우	• 고향: 마산 진동면 고현리 • 나이: 1931년생~돌아가신 연대 불명확 • 활동: 고현리 일대 배목수 활동
6	이형수	• 고향: 마산 진동면 고현리 • 나이: 1936년~(87세) • 활동: 1980년대 초·중반까지 배목수 활동
7	한정수	• 고향: 마산 진동면 선두 ➡ 장기 마을 이주 • 나이: 1926 ~ 1970년 • 활동: 진동면 선두, 장기, 고현 일대 • 조선업, 수리조선업, 어로활동(낚시),농사 등
8	김봉수	• 고향: 마산 진동면 신기리 • 나이: 1947년~(76세) • 13살 배목수 입문 진동면, 마산에서 기술 배움 • 1960년대 마산고등기술학원 도면 과정 이수 • 무동력선, 동력선,FRP몰드목형등 제작 • 활동: 마산, 사천, 고성, 진해, 낙동강, 강원도 일대 • 2002년까지 배목수, 이후 미더덕 양식, 농사
9	김종욱	• 고향: 마산 진동면 고현리 • 나이: 돌아가신 연대 불명확
10	김상구	• 고향: 마산 진동면 고현리 • 나이: 생몰 연대 불명확(50년대 초반생 추정) • 활동: 진동면, 부산, 가덕도, 마산, 사천 일대 활동
11	죽전 영감님	• 고향: 마산 진동면 신기리 • 나이: 생몰연대 불확실
12	김용수	• 고향: 진동면 신기리 • 나이: 생몰연대 불명확(1947년 이전 출생 추정) • 활동: 강원도 청호동 정착으로 추정
13	김영기	• 고향: 마산 진동면 고현리 • 나이: 생몰연대 불명확 • 활동: 1980년대 초반까지 활동
14	이만수	• 고향: 진동면 장기 생몰연대 불명확

15	탁남수	• 고향: 진동면 고현리
16	김영한	• 고향: 진동면 • 나이: 1945년생(78세 추정) ~
17	안골포 (문)목수	• 고향: 마산 진동면 고현리 • 진해구 안골지역 이주하여 목수로 활동
18	전한종	• 고향: 마산 진동면 고현리 • 활동: 1980년대 말 배목수 활동
19	김윤천	• 고향: 마산 진동면 다구리 • 진동면 일대에서 밥치는 것을 전문으로 활동
20	류계수	• 고향: 마산 거주 배목수 • 생몰연대 불명확(진동면 고현리, 장기리 일대 활동)
21	박상삼	• 고향: 마산시 자산동 거주 배목수 • 나이: 1945년생 닭띠(생몰연대 불명확)
22	천수길 (밥치는 목수)	• 고향: 마산시 거주 배목수 • '밥치는 일'만 전문으로 하시던 분으로 진동면 일대에서 주로 활동하였음
23	진북면 고비끼 목수	• 고향 : 마산 진북면 부자(父子) 고비끼 목수 • '나무 켜는 일'을 전문으로 하던 목수 • 정확한 생몰연대, 거주지 미상
24	박문택	• 고향 : 통영 한산도 (한산도에서 이주해옴) • 나이 : 1920년대생 추정 (생몰연대 불명확)

"1984년 진동면 배목수 통도사 야유회"

◆ 이만수 씨, 김봉수(저자), 이명우 씨, 이대우 씨, 이형수 씨

◆ 이명우 씨, 이영재 씨, 이대우 씨, 이만수 씨, 김봉수(저자), 이형수 씨

◆ 이명우 씨, 김종욱 씨, 김봉수(저자), 김수근 씨, 이형수 씨

◆ 김수근 씨, 이대우 씨, 김봉수(저자), 이명우 씨
김영한 씨, 이상구 씨, 고광익 씨, 이형수 씨

나. 진동면 목선 조선소(터) 위치(총 10개소)

표기	위치	비고
1	진동면 고현리 얼음공장 앞 공터(해안가)	매립
2	진동면 고현리 고현 수협 옆 공터(해안가)	매립
3	진동면 장기리 선창 옆 공터(해안가)	매립
4	진동면 장기리 장기조선소	수리업
5	진동면 장기리 창성~진양조선소	폐업
6	진동면 광암리 광암마을 현재 없음	택지조성
7	진동면 고현리 전진조선소	FRP조선업
8	진동면 요장리 수우섬(멸치막)	멸치막
9	진동면 양도(황무실)	마을
10	진동면 진동리 해안가	폐업

◆ 장기조선소   ◆ 전진조선소   ◆ 창성 RFP 조선소
(진양조선소)

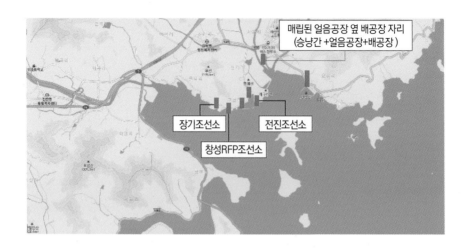

다. 진동면 일대 철공소

번호	사업장명	위치	비고
1	덕성철공소	진동면 고현리 선창가	현업
2	세화철공소	진동면 고현리 선창가	폐업
3	한성철공소	진동면 고현리 선창가	폐업
4	고현철공소	진동면 고현리 선창가	폐업
5	장기철공소	진동면 장기리	폐업
6	철이철공소	진동면 장기리 선창가	현업
7	영무철공소	진동면 장기리(고현리)	현업
8	삼영디젤	진동면 신기리/광암(배기용)	폐업
9	광암철공소	광암함 인근 해안도로변	폐업

처음 철공소를 시작한 분은, 박이조 씨, 박근환 씨의 철공소 두 군데가 있다가 덕성철공소, 삼영디젤(배기용 씨)이 생겨났는데, 진해 안골에서 일하다가 진동 고현 일대로 이동하여 개업하였다. 철공소들이 모두 기술력도 인정받고 일도 잘하였던 시절이었다.

덕성철공소는 처음에 구마산 조선소 선저철공소를 하다가 진동면 고현으로 이주했던 것으로 알고 있다. 그리고 사장도 바뀌고 운영하던 사람들도 여러 번 변경이 되었으나 '덕성철공소'라는 이름은 바뀌지 않았다. 세월이 흘러도 동네에서 철공소의 이름값이 있었던 것이라고나 할까?

철재를 다루는 공방은 '철공소'라고 부른다. 목재를 다루는 공방을 '목공소'라고 부른다. 바닷가에서 '철공소'라고 하면, 육지의 철공소와 어감이 많이 다른 것은 바닷가 사람들이 육지에 나가보면 느끼는 점이다.

철공이라고 하지만, 엔진 관계되는 모든 일을 차량정비소와 같이 엔진 분해 조립, 고장 수리를 해야 한다. 엔진을 중심으로 부속되는 장치들도 깎고 만들어서 새로 하는 일이 많았다. 해상에서 일하다 엔진 고장이라도 난다면 이것은 매우 큰 일이고, 엔진 수리, 쇠를 다루는 일에 대해서는 많은 부분을 철공소가 도맡아서 한다.

낮에 조업 중에 엔진 고장으로 예인되어 항(港)으로 겨우 돌아온다면 실제 일은 여기서부터 시작이다. 다음 날 오전에 조업을 나가기 위해, 늦게까지 일을 하는 경우도 많았고 부속을 마산 시내에서 구해와야 한다면 고칠 때까지 조업은 쉬어야 했다.

운항 중인 배의 '고장 수리'를 하는 것 이외에 한 가지 더 큰 규모의 일은 배가 새로 만들어질 때 엔진을 사 와서 배에 앉히고, 추진체, 조향 장치, 선박 하부 동력전달체계, 샤프트(Shaft), 스크류(Screw), 배 선체 주변 테두리 파이프 몰딩(보호용 범퍼), 롤러(Roller, 굴림대), 대릭기(Derrick, 기중기) 등 새로 해야 할 일도 철공소에서 모두 처리했다.

어선과 양식장에 작업용 바지선 같은 큰 뗏목을 사용하기 시작하면서 작업용 기계설비가 많아지게 되었는데, 기계화가 진행되면서 각종 기계가 철공소 자체적으로 개발되고 현장에 적용되었다. 예컨대 예전에는 '벨트'로 동력을 전달하여 조종하던 것이 '유압'으로 바뀌고, 요즈음은 '리모컨'이 적용되는 단계에까지 와있다고 하니 많은 발전이 빠른 속도로 일어나고 있는 것이다.

철공소의 주요 업무

- 엔진 / 미션 수리 보링, 설치(육상기, 해상기)
- 선박 철일(용접)
  - 치(방향키) , 기루, 배-테두리 파이프 몰딩, 조타기 제작
  - 스쿠류 날개 교정, 조정 등
  - 윈치, 크레인, 도르레, 양망기, 양선기, 마스터, 텐트(가반대) 제작
- 기계 제작 : 양식장 세척기, 유압장치, 각종 작업용 기계설계제작

◆ 진동면 철공소 위치

지역 철공소 사진

◆ 한성철공소

◆ 덕성철공소

◆ 장기철공소

◆ 장기 마을 철공소들(사진의 좌/우 2개)

2-2
·····
목선 용어

　아래 표기된 용어는 현장에서 '배목수'나 '어민'들이 사용하는 경상도 방언 그대로 소리 나는 그대로 받아 기록한 것이다. 일부 용어는 전래 우리말도 있고, 일부는 전래되는 과정에서 일본말의 흔적이 남아 있기도 하다. 다만, 공부를 많이 한 학자도 아닐뿐더러, 표준어, 사전적, 언어학적, 학술적 가치에 기초하지 않고, '현장의 소리'를 담는 데 주력한 점을 참고 바란다.

순서	명칭	설명
1	배 모운다 (배 모은다)	[일반] '배 만든다'는 것을 "배 모운다"라고 말함 [경상 지역] "모은다""배 모안다""배 모흔다""배 모아라""배 몷~다"
2	배밑	[일반] 배 밑바닥의 중심부에 놓는 배의 중심 뼈대가 되는 목재. 현재 배 규모를 말할 때 '몇 톤(Ton)'으로 기준을 삼고 있지만, 예전에는 '길이'가 기준이었다. '배밑' 목재의 길이가 통상적으로 배의 크기였다. 예) 길이 몇 자(尺), 하바(넓이) 몇 자(尺) [경상 지역] "배밑을 몇 자(尺)짜리 배를 앉힌다." "몇 자(尺)짜리 배를 모흔(운)다." 배밑을 앉히는 것이 배 만들기의 시작이므로 '배밑을 앉힌다'고 하는 것은 '배 모운다'로 이해되었다.

3	아기소지	[설명] 추진동력 전달축을 관절처럼 꺾어서 올리고 내릴 수 있는 장치가 달린 배를 이르는 말 서-남해, 강(江) 등 연안 수심이 낮은 지역의 어촌이나 강가에서, 조수(潮水) 차가 심한 곳은 물이 많이 빠지는 썰물 때가 되면 배 운항이 불가한 경우가 생기거나, 갯벌에 배가 앉혀버려 이동이 곤란해진다. 또한 물이 빠질 때 정박한 선창이나, 연안이 바닥을 드러낼 정도로 조수 차가 심한 경우에는 배를 정박하면 배가 기울어지거나 옆으로 눕기 때문에 이를 피하기 위해 배밑을 비교적 편평(완만)한 형태로 만든다. 물받이 아기소지 바닥 '삼'이 경사가 덜 심하고(평편한 편이고) 스크류를 올리고 내릴 수 있는 관절이 있는 샤프트를 사용하여 스크류를 보호하고 배가 넘어짐도 방지할 수 있는 선형으로 간만의 차가 크고 수심이 낮은 지역(강, 바다)에서 주로 사용한다.
4	선대(船臺) 상가대(上架臺)	[일반] '선대'"센다이'라고 일본식 소리로 불리기도 했다. 배를 육지로 올리고/내릴 때 배를 태우는 운반용 받침대
5	눌삼 (나까다나)	글자의 느낌 그대로 판재인 '삼'이 누워 있다는 것을 표현한 단어이다. '누운삼/눌삼' 일본말 '나까다나'라는 표기도 눌삼과 같은 뜻으로 보인다. 和船(わせん, 일본 재래식 목조선)에서 上棚うわだな 아래에 접속하는, 폭이 넓은 배 밑부분의 외판(外板) 배밑 중심 목재와 좌우로 펼쳐 이어지고, 좌우측 배의 폭에 해당하는 부재로 수직으로는 설삼과 맞닿는 목재

6	고비끼 (こびき/木挽き)	통나무 원목을 판재로 켜는 일을 하는 '목수'나 그때 사용하는 '톱'을 통칭해서 이르는 말(큰톱: 고비끼 톱)
7	간 답 (칸맥이) (칸막이)	[일반] 간 답, 칸막이(칸맥이) 선박의 각종 분리된 용도의 공간을 구분하는 판재로, 배의 바닥면 측면 형태를 짓는 역할도 한다. (예: 기관실, 물칸, 화물칸 개별 공간 사이를 나누는 격벽의 기능) 배 밑바닥 판재인 눌삼, 배의 측면 판재인 설삼, 배의 중심 뼈대 목재인 배밑의 3개의 주요 목재와 연계되어 배의 형태를 구성하는 뼈대(용골, 늑골)의 역할을 같이 하는 부재
9	설삼 (우애다나) (우아다나)	서 있는 삼이라고 '설삼'이라고 부른다. '웃삼', '설삼', '우애다나 (우아다나)'로 부르기도 한다. 배 밑바닥면의 누운 '눌삼'과 수직으로 맞닿는 배의 측면에 해당하는 판재를 '설삼'이라고 한다. 배의 폭에 해당하는 측면에 위치한 판재를 이르는 말이다. 수직으로 배 몸통의 높이에 해당한다.
10	갑판 (デッキ 댓기)	배 상판 갑판을 이르는 말 일본식 '댓기(デッキ)'로 흔히 부른다.
11	가이신고 (간신고)	흔히 난간이라고 볼 수 있는 부분으로 배 갑판의 좌우측 끝부분에 난간처럼 세워 쳐진 울타리 같은 것. 가이신고, 가이신구, 간신고 등으로 불린다.
12	선수재 (船首材) (미요시) (미오시)	[발음] 선수재(船首材), 미요시(미오시, 묘시)라고 부른다. 배 앞부분 정중앙에 위치하고 서 있는 큰 기둥 같은 목재로 바닥에서 올라오는 삼(판재)과 측면에서 휘어져 붙는 삼(판재)을 모두 모아서 붙여 놓는 것으로 배가 항해할 때 물살을 가르는 역할을 한다. 주로 완곡히 굽은 소나무 선을 그대로 살려 유려하게 선형을 나타내는 부위이다. 지역에 따라 파도와 바람의 정도에 맞는 형태로 '선수재(미요시)'의 서 있는 각도가 조금씩은 다른 특색이 있다. 파도가 심한 지역은 '선수재(미요시)'를 세우는 것을 선호하는 경향이 있다고 한다.

13	이물 (이물칸) (앞 이물칸)	배의 앞부분을 칭하는 의미/배 앞부분에 있는 공간(적재, 휴식 등) 배에서 숙식을 해야 할 경우에는 이물칸에서 잠을 자는데 바닥갑판에 계단처럼 불룩 솟은 '이물칸' 아래 공간에 사람이 들어가서 잠을 자거나 쉰다. 갑판보다 솟은 이물칸 부위에 '쪽창'이 있어서 이물칸 덮개를 열지 않고 밖을 내다볼 수 있고 '환기창' 역할도 했었다. 전남 완도 어촌민속전시관(마광남 님 작품)
14	고물 (고물칸) (뒷고물칸)	배의 뒷부분을 의미하며 고물, 고물칸, 뒷고물칸 등으로 부른다. 주로 주방용품, 식재료 등을 보관한다. (이물보다 고물이 배의 흔들림이 상대적으로 적은 편이다.)
15	버리 (버릿줄)	배 선수의 이음줄 배가 선창에 정박하는 경우 선창에 묶는 배 앞부분 말뚝과 이어지는 줄
16	닻, 딴, 땅	닻, 딴, 땅이라고도 발음하고, 정박용 앵커(Anchor)를 이른다.
17	치 (치목, 치손잡이) (치분, 치목) (치구멍, 똥구멍)	방향을 조정하는 배 뒷부분의 조정용 방향타를 말함 배의 크기에 따라, 길이나, 폭이 조금씩 다르다. 목선은 배 위에서 치를 물밑으로 넣고, 배 위로 올리고 할 수 있다. FRP선박으로 가면서 수중에 잠긴 기루 형태의 '치'로 변했다.

22	멍에	배 갑판이 놓이기 위해 그 아래 좌우로 놓이는 뼈대가 되는 목재
23	다끼(다끼구멍)	대못을 치기 위해 파낸 홈, 못구멍을 말한다.
26	고부랭이 (마스라) (마쯔라)	'ㄴ'자 형태로 생긴 자연목(나무와 나뭇가지)의 구부러진 모양 그대로 배의 부재로 사용하는 목재, 일반 판재나 구조용 목재를, 'ㄴ'자 모양으로 가공하지 않으며, 자연적으로 구부러지거나 큰 가지 등을 그대로 잘라와서 원래 나무 모양 그대로 사용하였음, 구부러진 각도에 맞는 위치에서 외부의 파도, 부력, 운항충격 등에 대해 선체 형태를 유지하고 힘을 지탱해주는 중요한 역할을 함. 나뭇가지, 줄기, 뿌리 등 크기가 어느 정도 되는 것을 사용한다.
27	용골 (배밑)	배 밑바닥의 중심부에 해당하는 목재로 '배밑'으로 주로 불리고 용골(龍骨)이라 부르기도 한다. 배를 처음 만들 때 제일 먼저 만들고 설치하는 부재이다.
28	덮게 (후다)	물칸을 비롯한 각종 배의 칸칸이 만들어진 공간별 덮개를 이르는 말이다. 또는 후다(후드, Hood)라는 일본식 발음으로 불린다.
29	물칸	물고기를 잡아서 넣는 어창 물이 들어차 있는 칸, 바닷물이 선체 안으로 들어올 수 있도록 되어 있고, 물고기를 넣어서 생존상태로 보관할 수 있는 역할을 하는 공간
30	물봉	물칸의 해수유입을 위한 구멍에 필요시 막음용으로 사용하는 사각형 나무봉(사각). 물고기를 잡아 물칸에 물을 채우고 싶을 때는 물봉을 뽑아 둔다. 목선은 사각형 나무 물봉을 사용하고 FRP로 오면서 둥근 신주(금속) 재질의 물봉을 사용한다. FRP선박 물칸보다 목선의 물칸에 물고기를 넣어두면 오래 잘 살아 있다는 것을 어민들은 경험적으로 알고 있다.
31	알기	'끌'의 한 종류로 목재 이음새에 밥을 쳐서 물막음 작업을 시행할 때 사용하는 끌의 종류이다. '틈새를 벌리는 용도'와 '밥을 치는 용도'의 두 가지가 사용된다.
32	곱바	동으로 만든 얇은 박판(동판)
33	네루	'네루(ねる)', '자다, 눕다'라는 의미의 일본식 발음 난간 위에 설치한 목재로 발판 역할을 한다.
34	기관방 (기관방, 기관실)	기관실(기간방), 엔진실을 부르는 명칭 기관대(기관다이), 기관방 등으로 불린다.

35	물받침 (물받이)	선미측, 부력용 받침대 역할을 하는 후미측 수면의 구조. 판줄을 감거나 스크류 고장 시 수리를 위한 발판으로도 사용한다.
36	기관장	선박이 장거리 운항을 나가서 조업 중 엔진 고장 등이 발생할 때 엔진 수리를 할 수 있는 기능을 가진 선원을 말한다. 해상에서 엔진의 고장은 생사의 문제로 직결될 수 있으므로 그만 큼 중요하다.
37	화장 (火長)	대형선박에서 해상에서 체류하면서 어로 활동 시 식사 준비와 불 관리를 맡아서 하던, 배에서의 '주방장' 역할을 하는 사람
38	외선형 (애선)	배 앞부분이 삼각형으로 마무리된 형태의 선박
39	유선형	배 앞부분이 둥글게 마무리된 형태의 선박(바람과 파도를 막고, 선수 발판 역할도 한다)
40	통구미 (똥꾸매이)	'통구민' 배를 이르는 말. '통구미', '똥꾸매이' 등으로 부르기도 함. 거제·통영권에 주로 사용하던 배의 형태. 배 길이에 비해 폭이 넓어서 짐을 많이 싣는 것을 이점으로 기억하 는 어민들이 있다. 회전할 경우 회전 반경이 매우 짧아서 방향전환을 잘하는 것이 두 드러진 특징이다.
41	노	전통 추진 도구(12자, 15자 등의 일반적인 길이가 있음)
42	노배	노추리의 아랫부분(바닷물 속 향하는 부분)
43	노등	노추리의 윗부분(하늘로 향하는 부분)
44	노추리	전통식 노의 물에 잠기는 길고 얇은 목재 부분(추진체)
45	노우대	노를 저을 때 사용하는 배 위에 노출된 운전대 전체
46	노짠디	노를 배에 고정하고(꽂는) 나무 부위의 명칭
47	노손	노를 저을 때 잡는 손잡이(줄을 걸어 매는 역할도 함)
48	고물대	배에 설치된 2개의 돛 중 뒷부분에 설치하는 '큰 돛'을 거는 돛대 를 이르는 말
49	이물대	배에 설치된 2개의 돛 중 뒤에 설치하는 작은 돛을 거는 돛대를 이 르는 말

50	널 (이다)	경사진 배 바닥면을 평평하게 하기 위해 깔아두는 널판을 이르는 말 (일본어 '이다'로 불리기도 한다.) '널'은 널뛰기의 말과 같은 넓은 목재판을 말한다. 해추선(채취선,댓마)는 배바닥의 노출된 부분에 모두 '바닥널'을 깔기도 하지만 널을 깔지 않고 타기도 한다. 배 선수 이물칸과 기관실은 널을 깔아야 이용하기 수월하다.
51	기관대 (기관다이) (機關臺)	엔진을 설치하고 고정하기 위해 만든 받침대용 대형목재 기관대(機關臺)의 일본식 발음으로 보인다.
52	양꼭지 도리(못)	목선용 큰 쇠 대못(양측 날개가 있는 못) '양꼭지', '양구지', '도리 못'으로 부르기도 한다(3~6인치까지 몇 개의 규격이 있다). 3치~6치 정도로 길이가 다양하다.
53	외꼭지 누이(못)	목선용 큰 쇠 대못(양측 날개가 없는 못). '외꼭지', '외구지', '누이 못'으로 부르기도 한다.(3치~6치 몇 개의 규격이 있다)
54	가로지	
55	닥우	
56	기루	배밑과 스크루 사이 받침대를 길게 내어 스크루가 줄을 수중장애 물(줄, 부유물) 등을 타고 넘게 만든 형태로 연안을 위해 해안가 정박 시에 배가 기욺으로 주의 필요
57	샤프트 (사우도)	영어 'Shaft'의 일본식 발음의 변형(동력 전달 축)
58	고예(고애)	전진을 말하는 용어 (일본식 표현)
59	아이탕(아시탕)	후진을 말하는 용어 (일본식 표현)
60	활비비	구멍을 내는 용도의 공구로 전동장치가 아닌, 수동 '기리'의 끝 둥 근 고리에 손잡이 나무를 끼워 사용한다. 'T'자형 손잡이를 잡아 돌려 구멍을 파는 역할을 한다.
61	머구리 (모구리)	'잠수하다'라는 동사의 우리말 '모구루'와 같은 뜻의 일본식 단어 '머구리, 모구리'라고도 부른다. 고무 잠수복과 납벨트, 금속제 헬멧과 산소호스를 매달고 잠수한 다.
62	아우리	눌삼을 휘어 붙일 때, 목재의 휘어짐의 정도를 이르는 말이다. 고무찌와 칸막이의 정확한 각도에 맞게 판재로 가공된 목재가 정 확하게 붙을 때 자연스럽게 나오는 포물선을 말한다. 나무에는 무리가 가지 않는 상태여야 하고, 물에 띄워졌을 때는 물의 저항이 적어져야 한다.

63	솔 (보도리)	배에서 사용하는 긴 솔을 말하는데, 밀대자루 끝에 폭*길이 (7*15cm) 가량의 솔을 달아서 배 위를 청소할 때나, 배 밑부분 파래나, 물때를 제거하는 등을 할 때 사용하는 것으로 솔이 매우 거칠어야 한다. '솔(보도리)'이 없을 경우 괘상어(개상어) 껍질이 사포와 같이 거칠 어서 '솔' 대용으로 사용했다고 한다.
64	골탕 (골타르)	페인트가 없던 시기 골탕(검정색 골타르)이라고 불리는 것을 끓여 서 바르거나, 물막음 마감용으로 사용했다. 물에 잠기는 배밑부분에 칠하여, 조갑이나 파래가 기생하는 것을 막고, 벌레(소)가 먹는 것을 막는 역할을 기대하여 사용하기도 하 였다.
65	이리아	멸치배 본선을 이르는 말, '멸뚜리배', '멜뚜리배'라고도 불린다 . 주로 멸치를 잡아서 선상에서 삶아 내는 설비를 갖춘 작업선을 말 한다.

부위별 용어. 1

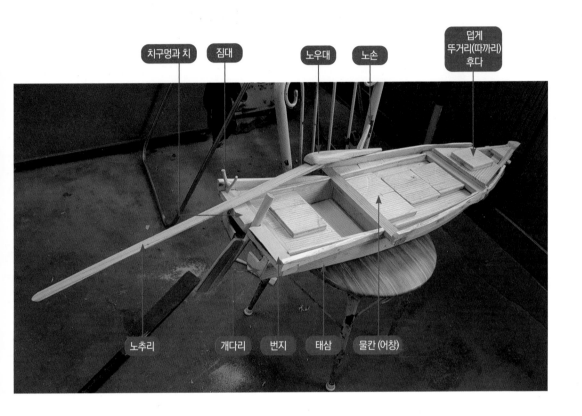

치구멍과 치　짐대　　　노우대　노손　　　덥게 뚜거리(따까리) 후다

노추리　　개다리　번지　태삼　물칸 (어창)

부위별 용어. 2

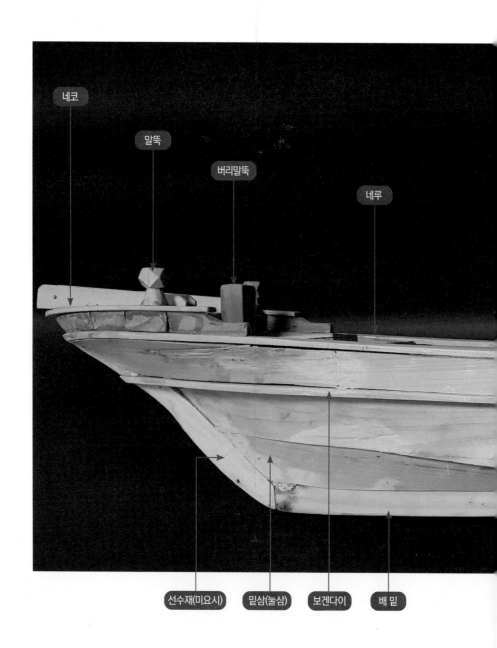

네코

말뚝

버리말뚝

네루

선수재(미요시)

밑삼(눌삼)

보겐다이

배 밑

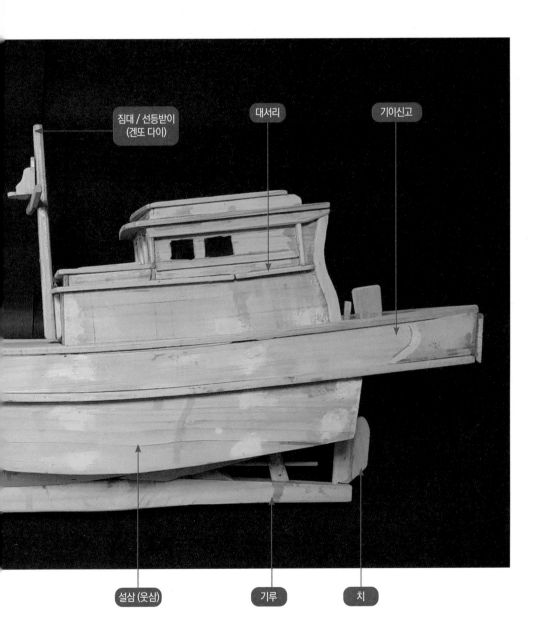

짐대 / 선등받이
(겐또 다이)

대서리

기이신고

설삼 (웃삼)

기루

치

부위별 용어. 3

자망용 어선
(이봉출씨)

자망용 어선
(장학선씨)

일통호
(화물선)

박치기 다이

이물 버리 말둑

괴목

닷줄

부위별 용어. 4

고부랭이(마스라)

뒷 하반

동 진

설삼

고무찌

괴목

눌삼

공구(연장, 이장) 소개

수공구(1) 이장궤(이장끼)

• 크기: 길이 93cm, 높이 16cm, 폭 29cm(1960년대 제작/삼나무)

공구함 내부에 담을 연장의 개수에 따라 크기가 조금씩 다르다. 좁고 높은 것, 낮고 넓은 것 등 개인 취향에 따라 약간 상이하였다. 내부 공간이 2~3개 정도로 나뉘어 있어서 공구끼리 부딪쳐 날이 상하는 것을 막는 역할을 한다.

두꺼운 천으로 끌이나 톱을 감싸서 공구함에 넣기도 했다. 근처 수리나 잠시 며칠 일을 하기 위한 이장(연장)을 보관해서 이동할 경우와 모든 이장을 챙겨서 조금 오래 이동 생활을 시작할 때는 공구함도 큰 것을 챙겨가야 한다. 개인별로 큰 것, 작은 것 하나씩 2개 정도를 가지고 있었다.

수공구(2) 먹통, 먹칼

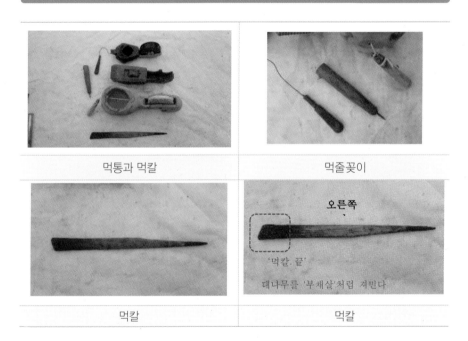

| 먹통과 먹칼 | 먹줄꽂이 |
| 먹칼 | 먹칼 |

오른손으로 먹칼을 잡고 그릴 때, 기역자와 닿는 부분은 먹칼 면이 반듯하고 그 반대쪽 면은 사선으로 깎아서 먹칼의 날이 볼펜처럼 줄을 그을 수 있게 만들어 사용한다.

먹칼 끝부분은 대나무 살을 얇게 끌로 눌러가며 '부채살'처럼 저민다. 그래야 대나무 부채살 사이에 먹물을 머금고, 줄을 긋고 쓸 수 있다.

강원도 추운 겨울에 먹통에 먹줄을 빼서 놓으면 금방 얼어 버려서, 먹통에 소금을 넣거나, 뜨거운 물을 붓기도 하고, 간장을 넣기도 하고 해봤다. 추울 때는 먹줄 놓는 것이 어려운 일이었다.

수공구(3) 기역자, 각도자

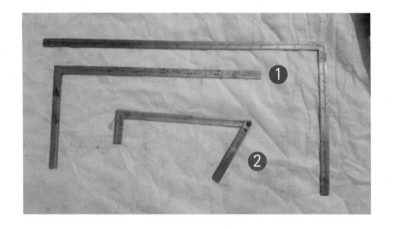

❶ 기역자: '곡자', '사시가네'라고도 부른다.
한쪽은 cm 단위 눈금이 반대쪽은 1척(尺) 3.3cm 눈금으로 되어 있다. 그 외 일본에서 많이 쓰는 곡척도 있다.

❷ 각도자(주가네): 각도를 측정해서 재단할 목적으로 사용한다.
연결구절 관절 같은 곳이 뻣뻣해서 원하는 위치의 각도를 측정한 뒤 작업할 목재로 이동하여 들고 다녀도 측정한 각도가 유지된다.
기역자 부러진 것을 이용해 못을 쳐 만들기도 한다.

현장 작업 중에 큰 규모의 각도자가 필요하면, 큰나무 졸대를 각도자 형태로 만들어서 사용하기도 한다. 본(모양)을 뜰 때는 얇은 나무판자를 붙이고 필요한 길이, 각도를 표기하여, 작업할 원래의 목재에 측정한 치수를 옮겨 되살려 작업한다. 배갑판면과, 선실 지붕면은 물빠짐을 유도하기 위해 편평하지 않고, 약간 둥근 곡면으로 만든다. 이 원형용 목재 '자(R)'를 만들어서 현장에서 사용하였다.

수공구(4) 수평자, 그므게(기비끼)

알루미늄 수평자

목재 수평자

그므게

∴ 물-수평자

예전에는, 나무로 된 수평자를 사용했었다가, 알루미늄 제품 등이 나오면서 가볍고 튼튼한 것을 사용하기도 했다.

∴ 미스무리(호스를 이용한 물수평의 일본식 표현)

공사 현장의 일본식 표현. 배밑을 앉히거나, 칸막이 수평을 보거나 할 때 사용한다. 물 수평(미스무리)이라는 것이 있었는데 긴 '투명 호스'에 물을 채워 양쪽 호스 끝의 물 수평을 가늠하여 기준점으로 삼았다. 배의 수평 상태 등을 측정할 때 사용하기도 했다. 집을 지을 때도 기초대 공사 후 수평이 맞는지 확인할 때에도 사용했고 담이나 벽을 만드는 작업을 할 때도 물 수평(미스무리)을 잘 많이 사용했다.

∴ 그므게

표준어로 '그므게'라고 많이들 부른다. 경상도 지역에서 사용하는 사투리 같은 것으로 '기비기', '기비끼'라고도 부른다. '기빈다'라는 말을 하기도 한다. 표시하고 가늠하고 할 때 사용하는 용어인데 사투리로 생각이 된다. "틈새에 손을 넣어서 잘, (실실) 기비 봐라"라고 말하는 경우 "좁은 틈새에 연필이나 표시할 도구를 넣어서 잘 '표시'하고 '금'을 그어서 잘 해보라"는 뜻이다.

'기빈다'와 비슷한 발음으로 '기신다'라고 하는 사투리도 있는데 둘 사이에 꼰지르거나 '고자질' 하여 두 사람의 사이를 벌린다는 뜻으로도 사용된다. 좁고, 뭣과 무엇의 사이를 표시하거나, 어떤 행위를 하는 뜻으로 상통하는 점이 일부 있는 것 같기도 하다.

수공구(5) 톱, 톱대, 톱망치

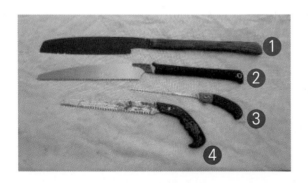

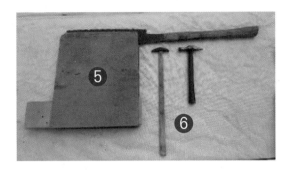

❶ 켜는 톱

❷ 일반 목공용 톱

❸ 쥐꼬리 톱: 좁은 곳의 구멍 또는 곡선 절단 작업을 할 때 쓴다.

　배에서는 주로 물칸에 물봉 구멍을 파낼 때 사용하고, 태삼(테두리_판재) 가공
　시 반원가공이나 문양을 따낼 때 쓰기도 한다.

❹ 전정용 톱

❺ 톱대: 톱날을 교정할 때 톱 고정하는 용도로 사용하는 나무틀

❻ 톱망치, 아사리(르)망치: 톱이빨을 교정하는 용도이다. '톱대'에 끼우고 좌우 각
　날의 방향별로 이 망치를 사용해서 살살 두드려 톱-이빨을 제 방향으로 가지
　런히 간격을 유지시키고 날을 세울 때 쓴다.

그 당시 사용되던 톱의 명칭이나 용어에 일본식 발음이 많이 남아 있다.

❶ 아나이끼: 일반 톱, 벌목용 톱 등으로 불린다. 배목수, 탄광에서도 굉도 받침 목재 절단에도 사용했다고 한다.

❷ 고비끼: 제재용 목수톱

❸ 그 외 톱의 명칭

-주매: 틈새를 썰어 붙일 때 판재와 판재의 이음매 부위에 톱질을 반복하여 접합면이 잘 밀착되도록 굴곡이 있는 것을 고르게 하는 톱

-와끼노쿠: 켜는 톱

-양톱(요하): 양날 톱

-도마시: 끝이 뾰족한 톱(쥐꼬리 톱)

'톱'에 대하여 이야기를 하고 있는데, '톱질'을 하다 보면 야외에서 바람이 조금만 살짝 불어도 톱밥이 눈에 들어가기도 한다. 장갑을 낀 손으로 처리하기 곤란한 부분이다.

톱밥이 눈에 들어가면, 거친 톱밥이 눈을 상하지 않게 하는 것이 중요하다. 입으로 불어서 눈물과 같이 나오게 하거나, 입에 물을 머금고 눈에 뿜어서 톱밥이 나오도록 하는 경우가 많았다.

그리고 목재에 핀 잔가시가 손에 박히면 톱날을 이용해서 나무 가시를 빼내는 일도 많았다.

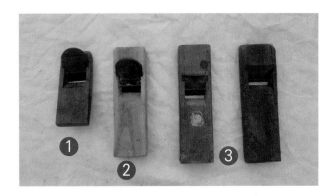

∴ 반달 대패

'소로 다이'라는 말로도 불린다. 초벌 가공이나 굽은 목재 부위를 손질할 때, 면을 둥글게 깎거나 오목한 면을 깎을 때도 사용한다.

∴ 작은 대패

수제 대패 실물(괴목나무) 목재 표면을 잡을 때 울퉁불퉁 튀어나온 것을 먼저 깎아 내고 다듬을 때 1차 작업용으로 사용한다.

∴ 큰 대패

'세하기-대패'라고도 부른다. 면 고르는 대패 일반적으로 대패가 커서 전체 목재 면을 고르고 마지막 손질용으로 사용한다.

대패집이 긴 것은 '나까 다나'라고도 부른다.

'새하기'하다('세하기'하다)는 작업을 마무리할 때 사용하는 사투리로 생각된다. 미장일을 할 때도 "미장 세하기 잘 되었다" 등의 표현을 쓴다.

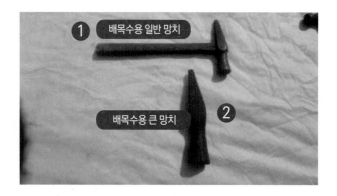

일반적인 배목수용 망치의 대표적인 형태이다. 뾰족한 윗부분과 둥근 아랫 부분은 각자 사용하는 역할이 있다. 못을 박고 나면 못머리가 보이는데, 좀 더 깊이 못머리를 박을 때에도 사용한다.

❶ 큰망치 : 오함마, 겐노(일본어)로도 불린다. 고임목, 말뚝, 큰 부재를 박을 때 사용

❷ 중망치, 중함마

❸ "빠루망치", "장도리"라고 부르는 망치

❹ "볼망치", "곱바망치", "유리망치"라고 일컬음. 물칸 어창살 작업 시 작은못 박을 때 사용

수공구(8) 도끼, 자귀(짜구)

❶ 도끼: '도치'라고도 발음한다. 원목이나, 가공이 안 된 나무에 처음 먹줄을 그은 다음 자귀, 대패 작업을 시작하기 전에 도끼로 찍어내어 큰 윤곽을 잡는다.

❷ 자귀: '짜구'라고도 한다. 목재 1차 가공 시 도끼와 같은 용도로 나무를 찍어 내거나, 쪼아서 깎는 용도로 사용한다.

❸ 손짜구(손자구)

　도끼와 자귀는 매우 위험하다. 목수들 중에도 정강이나 발등이 찍혀 다치는 사람이 간혹 있다. 도끼질과 자귀질을 시작하면 목재를 거치하고 작업을 시작해 나가면 조금씩 자세가 바뀌고 이동하다 보면, 양다리 중 하나는 도끼나 자귀날이 오가는 근처까지 가게 된다. 도끼나 자귀가 빗맞거나 옹이라도 있어 도끼나 자귀가 튕기면 근처에 있는 작업자 다리를 상하게 하므로 조심해야 한다.

❶ 밀끌: 끌, 큰끌, 쓰끼노미라고도 불렀다. (노미: 끌이나 정)

❷ 둥근 끌, 환끌: 목재의 곡면을 만들 때 안쪽곡면을 깎아 낸다거나, 볼트머리 구멍을 파낼 때나, 조금 큰 구멍인 치 구멍을 파낼 때 사용한다. 볼트를 박고, 볼트 머리가 목재 깊이 박혀 보이지 않게 할 때 둥근 끌로도 쉽게 깊이 2cm 내외의 둥근 구멍을 쉽게 파내곤 한다.

❸ 밥치는 끌: '알기끌'이라고도 한다. 나무와 나무 사이 이음새에 물이 새지 않도록 물 막음 작업을 할 때 삼나무 껍질을 부드럽게 만든 보슬보슬한 섬유질 다발 '대끄리'나 면실(絲)을 새끼줄처럼 꼬아서 만든 실타래를 박아 넣는 데 사용하는 '끌'이다.(끝이 뭉툭하고 날카롭지는 않다.)

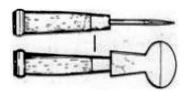

'알기' 또는 '구찌아끼'로 불리는 끌
(그림 출처: 한겨레신문 마광남 님)

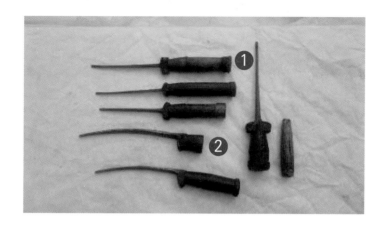

∴ 기리수바

바늘, 송곳을 뜻하는 용어로, 판재를 이어 붙이는 작업을 할 때, 큰 대못을 박기 수월하도록, 대못 칠 위치에 틈을 벌리거나, 구멍을 낼 목적으로 사용한다. 다른 명칭으로는 누이쓰기, 구루사시, 오끼노미, 사시노미 등이 있다. 꿰매다, 붙이다, 부착성, 빈틈의 뜻을 가진 용어이다.

망치, 구루사시 등은, 통영의 '금성사' 제품을 많이들 사용했는데 현재 금성사는 흔적도 찾을 길이 없다.

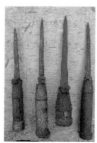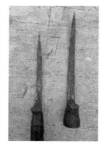

배목수만 사용하는 앞의 도구들에 대한 설명만 별도로 해도, 부위별로 사용하는 방법에 대하여 여러 가지 기술적 서술이 나올 수 있다.

수공구(11) 대못

❶ 양구지: 배의 크기에 따라 사용하는 못의 길이와 두께가 몇 가지로 나뉜다. 통상 몇 치짜리 못이라 부른다.

치수는 한 치 단위로 다양한데 통상 3치, 4치, 5치, 6치, 7치, 8치가 있다. 큰 것은 1자 2치까지 되기도 하는데 그것의 용도는 지금의 볼트-너트가 사용되는 곳에 쓰이는 것과 같다고 보면 된다.

배 바닥에 누운 삼(판재)과 측면 설삼(판재)을 각각 고정할 때 사용하는 못으로 대못, 누이못으로도 불린다.

❷ 외구지: 판재를 이어 붙일 때 주로 사용한다. 못의 머리가 좌우로 나온 것은 양구지, 나오지 않은 것은 외구지라고 부른다.

큰 대못은 가끔 두드려 몇 가지 작업에 필요한 도구를 만드는 데 사용하기도 한다. '빠데용 칼'이나, '밥치는 알기', '작은끌'을 만들어 사용하기도 한다.

❸ 빠데(퍼티_Putty)칼: 나무 이음 부분에 물이 새지 않도록, 댓거리로 물막음을 꼼꼼하게 선체 내/외부를 다 조치하고 나서 물막음 부위에 '유성(油性)질'의 Putty를 줄눈처럼 넣어줄 때 사용하는 공구이다.

빠데칼은 배 만들 때 제일 흔하게 쓰는 대못으로 만든다. 망치로 두드려 끝을 뾰족하고 조금 휘어지게 만든다. 꾸덕꾸덕한 빠데를 망치로 두드리면서, 반죽을 한참 하면 찰떡같이 말랑말랑해진다. 빠데가 말랑말랑해지면 그때 틈 메우는 작업을 한다.

빠데를 다 넣고 나면, 찰떡 같던 질감은 다시 처음 상태처럼 서서히 굳어가면서 딱딱해진다. 댓거리와 빠데를 넣고 나면, 마지막으로 페인트칠을 한다. 이렇게 되면 물이 새는 부분은 모두 다 2~3중으로 물막음이 되는 것이다.

예전에는 골탕(골타르)을 끓여서 바르기도 하였었다.

삼나무(스기) 껍질로 만든 댓끄리

삼나무 댓끄리   면사 댓끄리

댓거리는 부산에 있는 태평목재에서 나무를 사고 제재소 주변에서 댓거리를
만들어 파는 할머니로부터 사 왔다. 스기(수기) 껍질을 삶아서 방망이로 두드린
뒤 섬유질처럼 연해지면 물막음 작업에 사용한다.

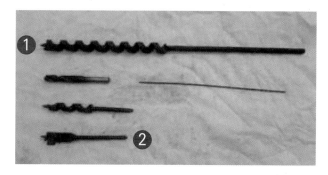

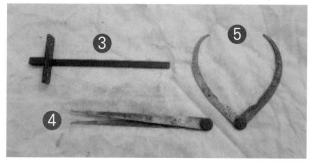

❶ 기리: 구멍을 파는 용도로 사용(드릴용)

❷ 철사: 볼트 구멍의 깊이를 측정하여, 필요한 볼트의 길이를 찾는 데 사용한다.
  (한쪽 끝이 오므라들어 있어 끝이 걸리면 끝단으로 측정)

❸ 가이드바: 전기톱으로 절단 작업 시 톱이 일정한 방향으로 진행하게 간격을
  유지하게 하는 고정용 틀

❹ 내경자: 내부 공간과 틈새 크기 측정용 자, 원통 치구멍을 파내거나 할 때, 동
  력선 엔진의 '샤우트-축' 구멍을 낼 때도 사용한다.

❺ 외경자: 외부 크기 측정용 자. 치 만들 때 치목 굵기 측정 시 사용한다.

※ 철 볼트

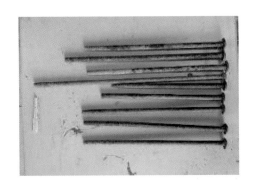

힘을 많이 받는 부분에 못 대신 사용한다. 뗏목 골조, 배의 삼, 칸막이, 고부랭이가 이어 붙는 부분에 작은 배는 대못을 사용하고, 큰 배는 볼트를 사용했다.

철재 못과 볼트는 부식(염해)이 발생하므로 바닷가에서 사용하면 좋지 않을 것으로 생각되지만, 쇠못에 녹이 슬고 나뭇결 사이에 녹물이 배어들어 나무와 못이 하나가 되어 '녹덩이'가 되면 견고해지는 현상이 발생한다.

스테인리스 볼트는, 수면부력과 파도의 진동, 운항의 충격이 오래 지속되면 나무가 조금씩 닳아서 볼트와 목재 사이에 공간이 생기고, 시간이 갈수록 나무와 스테인리스 볼트 사이가 헐거워져 공간이 늘어나, 목재 체결의 견고성이 떨어지는 경우가 흔히 있다.

◆ 녹슨 철−볼트가 목재에 녹아든 모습
나무와 철 볼트가 녹아 굳어서 단단하게 하나가 된다.

못을 많이 사용하지 않고도 배를 만들기도 하였다.

배 선체의 칸막이와 측면의 설삼을 이어 붙일 때 칸막이에 요철(凹凸) 모양으로 홈을 따내서 끼워 맞추어서 부재를 이어 붙이기도 한다. (칸막이는 凸, 설삼에는 凹 모양으로 따낸다.)

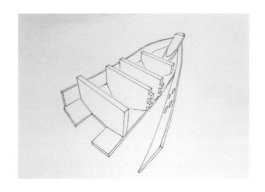

◆ 칸막이와 설삼이 홈으로 결합되는 모습

'호수'라고 불린 홈 따기 결합법이 있었다.

결합된 부분에는 물막음을 위한 밥을 치고, 외부 표면에는 동판을 잘라서 붙여 마감한다. 조립된 결합 부위에는 '야'를 박아 넣는다고 하는데, 작은 목재를 경사지게 깎은 쐐기를 박아 넣어서 결합상태를 강화하기도 했다.

볼트, 너트, 드릴이 흔해지면서 점점 볼트 체결방식으로 변해 가기도 했다. 오래전부터 사용해 오던 배 만드는 방법이라 잠시 소개를 해봤다.

수공구(14) 만력기(萬力機)(만닝끼, 자키, 자끼)

◆ 옛 만력기(출처: 《한겨레:온》 마광남 님)

◆ 현대식 클램프(만력기)

∴ 만력기(萬力機)

요즈음은 '클램프'라고 부르는 것과 같은 것이다. 크기는 1~1.2m 정도에 무게가 3~4kg 정도로 추정되는데 무겁다. 압착을 하는 양쪽 발에는 사각형의 조임쇠에는 모서리가 안으로 꺾여서 발톱 같은 모양으로 목재를 잡아주는 역할을 한다.

목재를 휘어 붙이거나 고정할 때 또는 판재와 판재를 이어 붙일 때 두 개의 판재가 간격이 잘 유지, 밀착되게 붙어 있도록, 조이고 고정하게 하는 용도로 사용되는 공구이다.

목재면에 바로 쪼이고 두드리면 면이 손상되므로 작은 나무토막을 만력기 위와 아래 '이빨'에 받쳐 두고 손잡이를 돌려 쪼으기를 해야 한다. 경상도 지역 에서는 일반적으로 '만닝끼', '자끼', '자키'라고도 불렀다.

◆ 칸막이와 설삼이 홈으로 결합되는 모습

숫돌은 '거친 것', '부드러운 것' 등 몇 가지를 사용한다. 예전에는 자연 돌을 숫돌로 사용했고, 공장에서 생산되는 숫돌이 대중화되면서 갈색과 검은색, 황 토색 숫돌도 시중에 나왔다. 배목수들은 보통 3가지 숫돌을 가지고 있었다.

◆ 숫돌 받침

아침에 일을 시작할 때, 그날 작업할 일에 따라 톱이나, 망치를 주로 많이 사용할 일이 있고, 끌이나, 대패를 많이 쓰는 날, 도끼와 자귀를 많이 사용하는 날이 있다. 아침에 그날 일의 종류에 따라 연장을 꺼내서, 날을 갈아서 사용한다. 그래야 그만큼 일이 수월해진다. 연장의 날이 무뎌서 잘 들지 않는 상황에서는 "연장이 사람 덕 보려고 한다"라는 농담도 있었다.

전동공구(1) 전기톱

◆ 5인치 일본, 히타치의 전기톱

부산 국제시장에서 일본산 전기톱, 전기 대패, 전기드릴 등 전동공구가 들어올 때, 70년대 초에 구입했던 것으로 기억한다. 물어 물어서 부산 국제시장에서 직접 가서 구매해 왔었다.

◆ 마끼다 '3인치 전기톱'

　전기톱과 대패가 나오고 나서부터 목수들 임금과 일당에 변화가 생겼다. 나무를 가공하는 시간이 인력에 의존할 때보다 많이 단축되는 것이었다. 그래서 전기 대패, 톱 같은 연장을 사용하면 연장사용에 대한 인건비 조정이 있었다. 열흘에서 보름치 일당에 대한 논의는, 7일~10일 치 일당을 보존해 주는 조건으로 전국적인 합의들이 일어났고, 시간이 어느 정도 흐르고 나서 그렇게 관례처럼 일상화되었다. 배목수들은 그 당시 일반 목수나 단순노무비보다 임금을 좀 더 받는 여건이었다.

　한창 나무배를 만들던 1960~80년대는 전국적으로 '배목수'들의 황금기였다.

전동공구(2) 전기드릴

◆ 5인치 일본, 히타치의 전기톱

활비비를 들고, 손잡이를 돌려가면서 볼트 구멍을 파내려면 한참을 인내해야 한다. 도끼나 짜구질로 힘으로 찍어낼 수도 없고, 손으로 조금씩 돌려가면서 천천히 파내는 수밖에 없었다. 무른 나무에 구멍을 파낼 때는 그나마 할 만했다 치더라도, 아비동이나 통 소나무 원목 뿌리의 고부랭이 등에 볼트 구멍을 내야 할 경우가 배 밑, 배 위에도 간혹 있는데, 나무 재질이 단단하여 여름철 차양 그늘도 없는 땡볕에서 구멍 하나 파내고 나면 진을 다 빼는 느낌도 들었을 것이다.

전기드릴이 나오고 나서는 볼트 구멍을 파낼 때 많은 수고가 덜어졌다.

전동공구(3) 전기대패

◆ 5인치 전기대패

◆ 3인치 전기 대패

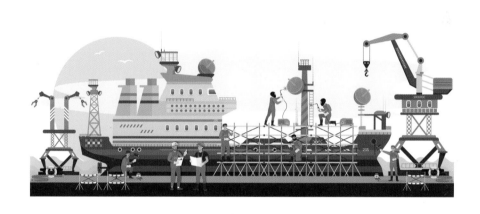

2-4
. . . . .
목선 종류와 용도

∴ 해추선(海鰍船) : 채취선(採:取船) 전마선(傳馬船) / 뗀마 / 뗏마

'해추선'이라는 배가 있다. 일반적으로 제일 흔하게 부르는 말은 '뗀마', '뗏마', '전마선(傳馬船)'이라는 일본식 발음, 표기이다. 어촌에서나 낚시를 좋아하는 분들은 뗀마, 뗏마로 부르는 것이 더 익숙할 것이다. 양식장 같은 곳에서 해산물을 채취하거나, 운반할 때 사용하기도 하여 채취선(採:取船)이라고 부르기도 했다. 한두 개의 노를 달고 가까운 거리를 빠르게 오가는 데 사용하는 작은 배이다.

돛 없이 노만 달려 있는 해추선(뗀마)을 타고 멀리 조업을 나가는 경우는 잘 없다. 어부나 낚시꾼들이 집 앞 해안가 일대에 낚시나 조업을 나갈 때 쉽게 타고 나갈 수 있는 작은 배가 해추선이었다. 멀리 가지 않으니 준비할 것이 없이, 부담 없이 타고 나갈 수 있는 배라고도 할 수 있겠다.

일반적인 소형 해추선이나 '저마력 엔진'급 소형 어선의 크기는 통상 배밑 크기가 15~16자(454~484,8cm)였고 큰 배를 만들어 달라고 하면 배밑은 18자까지 만들기도 하였다. 배의 좌우 폭은 배 뒷부분 칸막이 역할을 했던 '하반'의 크기로 얘기하는데 5자 반이나 6자(166~18,8㎝)를 선호하였다.

해추선을 타고 '장어낚시'를 하는 이야기를 하나 해 보려고 한다.

봄을 지나 여름으로 계절이 바뀌면 밭둑이나 언덕에 호박꽃이 노랗게 활짝 핀 것을 본 경험이 있을 것이다.

◆ 호박꽃등을 매단 배를 상상해본 그림 _ 김중기 화가

호박꽃이 필 때가 되면, 밤에 바다 돌장어 낚시를 나가기 좋은 시기가 된 것이다. 해추선을 타고 장어낚시를 하러 갈 경우, 반딧불을 여러 마리 잡아서 호박꽃 안에 넣어 명주실로 꽃잎을 묶어 주면 반딧불-호박등이 만들어지는 것이다.

배 앞과 뒤에 사람 키만 한 장대를 세우고 빨랫줄같이 조금 굵고 긴 줄을 장대에 묶어 반딧불이 들어있는 호박꽃을 적당한 간격으로 매달았다. 그러면 조명 역할을 충분히 하였다.

또 미끄러운 장어를 배 위로 낚아 올려서 낚싯바늘을 빼낼 때 장어를 호박 잎으로 감싸 잡으면 쉽게 잡아 뒤처리할 수 있었다.

∴ 모구리배

모구리배는 '잠수기선'이라고도 부르는데, 잠수복을 입은 모구리(머구리)가 바다 밑에 들어가서 수산물을 채취하는 형태의 조업을 하는 배이다. 조업 중일 때에는 이 배 주위로 다른 배가 접근해서는 안 된다. 산소호스나 생명줄이 배밑 스크류(프로펠러)에 감기거나 무슨 사고라도 나면 바다 밑에 잠수 중인 사람의 안전이 매우 위험하기 때문이다.

◆ 통영 수산 과학관에 있는 모구리배(잠수기어선) 실물

모구리배 선체는 특이하게 공통적으로 노란색 페인트를 칠한다. 지금도 잠수기 선박들은 모두 노란색을 선체에 칠을 하고 있다. 이 배는 해추선보다 조금 크고, 기계를 통해서 산소를 공급하면서 잠수한 모구리가 무거운 납 벨트를 하고 배에 오르고 내릴 수 있도록 사다리를 설치했다.

◆ 모구리배의 모습
(출처 : Tistory 나의 이야기 머구리배)

목선으로 만들었던 배밑 나무의 크기는 27~28자 정도이고, 폭에 해당하는 하반의 크기는 7~8자 사이였다. 배 뒷부분 짐대와 배 앞을 가로질러 긴 나무 장대를 올려두고 천이나 갑바를 두르면 텐트처럼 사용할 수 있었고 잠수복을 걸쳐 두거나 말리는 용도로도 사용했다.

모구리배와 해녀배는 배 위에 이런 공간을 두고 난로를 피웠다. 물속에서 장시간 잠수를 하고 나면, 체온이 많이 내려가기 때문이다. 지금도 해녀배를 간혹 발견한다면 배전에 작은 텐트 같은 것과 난로 연통이 보일 것이다.

∴ 어선

자망, 통발, 주낙으로 대표되는 일반 어선의 경우 배밑은 18~28자 사이로 주문하는 선주의 요구사항에 따라 다양했다. 배의 폭에 해당하는 하반의 크기도 5자 반에서 7~8자까지였다. 주문제작인 셈이다.

어선도 같은 자망배라고 하더라도, 선장에 따라 배에 대한 요구사항이 각기 다르다. 파도를 심하게 겪어 고생한 선장은 배삼을 높여 달라고 하며, 짐을 많이 싣지 못해 고생한 사람은 하반을 늘려 달라고 주문하는 것처럼 제각각 사연이 있다.

그런 고생을 빗대어 배에 '한이 맺혔다'고 우스개 소리하는 선장도 간혹 있다. 그런 분들은 예전에 배 사고나 생사를 넘나드는 위험을 겪어본 사람이라고 전해 들었다.

동력이 없는 배나 소형동력선을 타고 '손방질'을 하는 경우, 고기가 많이 잡히면 배 위로 그물을 끌어 올리지 못하여 해안으로 그물을 끌고 돌아오기도 했다. 주로 떼로 지어 다니는 전어나 숭어들이 걸려들면 한번에 많은 고기가 잡히기도 한다.

∴ 고대구리 / 이수구리

대형 어선 중에도 두 척 이상의 배가 선단급으로 고기잡이를 하던 '고대구릿배', '이수구리배'라고 부르던 배가 있다.

고대구리(Bottom Trawl, 底引網漁業)는 '소형 저인망'이라고 불리기도 하고, 쌍끌이저인망(Paranzella fishing, two-boat trawl)이라고도 부르는 어업으로 포획대상이 다양하다. 어구는 트롤 어구와 유사하여 그물을 바다 깊이 내려, 배를 이용해서 그물을 끌고 가면서 바닷속의 물고기를 포획한다. 고기의 종류와 크기를 가리지 않고 마구 잡기 때문에 어족자원 보호 차원에서 현재는 금지되고 있는 어업 방법이다.

◆ 사진 출처 : 국립수산과학원

이수구리(숭어건착망)는 바다에 그물을 내려, 포획대상(물고기-떼)을 둥글게 펼쳐 에워싸서, 펼친 그물을 오므려 모아 올려 물고기를 포획하는 방식이다. 특정 물고기, 포획대상을 선택하여 포획하므로 분별없는 포획을 방지해 어족자원 관리에 유용한 어업법이다.

∴ 대절선

크기는 배밑은 30~40자, 하반 11.5~12자의 큰 규모인데 선주마다 요구사항이 매우 다양한 배이다. 배를 만들 때면 섬에 도선으로 운항하는 경우, 횟집의 유람선으로 사용하는 경우, 관광지에서 유람선으로 사용하는 경우 등 쓰임에 따라 각 선주의 많은 고민이 담긴 요구사항이 나왔었다. 대절선을 만들 때 조선소에서는 '목선 선체(배)'와 '창호', '출입문'까지는 만들고, 좌석이나 음향설비 등은 하지 않고 진수를 하는 경우도 있었다.

창문은 선박용 '각창호'나, '버스 창문'을 사용하기도 하였다. 승객들의 의자(좌석)는 배 진수식 이후 선주들이 버스 의자를 사 와서, 허가사항에 맞는 좌석 수만큼 추가로 장착하였다. 구명조끼와 구명설비도 이때 준비가 하나씩 되는 것이다. 그리고 내부에 음향설비인 앰프와 라디오도 직접 달고 내부 인테리어를 선주들이 많은 시간과 정성을 들여서 직접 하는 경우가 많았다.

'대절선'이라고 불리는 것이 대부분이었고, 가끔 '유람선'이라고 하는 지역도 있었다. 섬과 섬에 교통수단으로 타고 다니는 경우가 많았고, 횟집이 많은 곳에는 그 횟집 이름과 같은 대절선이 식당 앞 선창에 정박 중이기도 했다.

진동 고현 마을 '청룡횟집' 앞에는 '청룡호'가 있었고, '용마산식당' 앞에는 '용마산호'가 정박하고 있었다. 단체로 횟집 손님들이 오면, 식사와 대절선을 빌려(전세) 횟집 앞바다 솔섬(송도), 염섬(양도), 하섬, 수우섬, 광암 해수욕장 일대를 한 바퀴 유람하는 것이 코스였고, 손님을 끄는 좋은 관광 상품이 되었다. 진동 고현 마을의 '용마산호'는 마산 돗섬에서 운항한 적이 있다는 얘기를 들었는데 현재 그 배가 아직도 운항 중인지 소식이 궁금하다.

대절선을 모운 것은 부산 가덕도, 진해 용원, 거제 해금강, 마산 돗섬, 진동 일대 횟집, 도선들, 여럿이었던 것 같다.

도선(島船)으로 이용한 대절선의 예로, 마산 진동 고현마을과 고성군 동해면 좌부천마을 일대를 오가던 '동신호'라는 배가 있었다. 육지와 동떨어져 교통이 좋지 못한 육지 끝의 해안 마을과 교통이 좋은 내륙을 바닷길로 이어주는 역할을 했었다. 고성군 동해면의 교통이 불편한 곳에서 육로로 버스를 여러 번 갈아타고 마산으로 가는 것보다, 해상교통을 이용하여 마산 진동면 고현을 통해서 마산시내로 이동하는 것이 빨랐기 때문이다.

지금은 고성 동해면과 마산 진전면 사이 동진교(2002년 1월 개통)가 놓이고, 연계 도로도 잘 발달하여 배를 타고 이동하는 사람은 없어졌다.

2-5
나무 구하기

배를 만들기 위해 찾아온 선주와 배에 대한 기본적인 규모와 용도가 정리되면 제재소를 방문하여 부재별로 목재 종류와 사용될 양만큼 통나무를 구매해서 필요한 규격대로 제재한다.

제재소로 나무를 사러 가는 것을 '나무 켜러 간다'라고 한다(경상도 사투리로 나무 캐온다고 한다). 웬만한 큰 나무는 미리 사용 계획에 따라 제재량 견적을 잘해야 한다. 제재소에서 대형 기계 제재기를 이용해서 목재의 1차 가공이 잘 되어와야 할 일이 줄어들고 일이 수월해진다.

큰 나무를 잘못 제재하여 조선소에서 다시 직접 필요한 길이, 폭만큼 목재를 켜면 시간도 소모되고, 목재 자체의 직각과 재단 면이 고르지 않으면 다시 대패로 가공해야 한다. 되도록 용도와 목적에 맞게 필요한 나무의 규모를 계산하고, 통원목을 측정하고 예측하여 제재를 해오는 것이 중요하다.

주로 삼나무(스기)를 많이 사용하지만, 각 부재의 위치에 따라 다양한 목재를 사용했다. 배밑 나무는 '아비동'을 많이 사용하고, '치'를 만들 때는 '아카시아' 나무를 자주 사용했고, '칸막이'나 '고부랭이' 등은 소나무를 썼다.

마산이나 가덕도 일대, 낙동강 하구 일대에서 일할 때 제일 많이 사용하는 나무는 삼나무(스기)였다. 많은 스기를 취급하던 부산의 '태평목재'를 통해서 나무를 많이 조달하였다. 그 뒤로 진동면 소재지의 삼진 제재소에서도 삼나무를 취급하면서 먼 거리인 부산은 가지 않게 되었다.

목재를 운반하는 과정에서 2가지 애로사항이 발생한다. 첫째는 대형트럭에 싣고 면 소재지 어촌까지 운반하는 이동의 문제이고, 또 하나는 제재소에서 지게차로 실은 나무를 어촌에서 지게차 없이 내리는 것이다.

그 시절 큰 목재를 대형 카고트럭에 싣고 부산에서 마산으로 오다 보면 검문소와 고속도로 순찰대에서 검문도 많이 받았다. 지금 생각해 보면 과적 화물에 대한 단속이었겠지만, 제재소에서 계산도 끝내고 차량 적재도 마치고도 운전기사는 해가 질 때까지 출발하지 않았다. 운전기사가 고속도로 순찰대를 피하거나, 과적 차량 검문소를 잘 통과하기 위해 야간운전이나 졸음운전의 위험을 감수한 고육책이었던 것이다. 그래서 늘 야간이나 새벽에 어촌마을에서 목재를 내리는 경우가 많았다.

큰 카고트럭(12t)으로 길이별로 제재된 목재를 운반해서 와도 그 당시 면 소재지 시골에 지금처럼 지게차나 크레인이 많이 없었다. 그런데 그 많고 큰 나무를 쉽게 내리는 방법이 있었다.

차량에 경사지게 적재된 나무의 포박된 로프를 해제하고 차량을 살짝 후진하다가 급브레이크를 밟으면 적재된 나무가 미끄러지듯 슬슬 내려가면서 흙바닥에 살며시 내려앉는다. 목재 다발 뭉치의 한쪽 끝이 그대로 바닥에 닿으면 그다음은 차량이 서서히 전진하면서 목재를 늘어뜨려 땅에 내린다.

또 다른 방법으로는 뗏목을 만들 목재를 내릴 때 자주 사용하는 방법인데, 차량이 후진하면서 방파제 끝으로 이동하다가 급브레이크를 밟아서 목재가 바닷물로 내려가도록 하는 방법이다. 의외로 이 두 가지 방법 모두 목재가 크게 상하지 않는다.

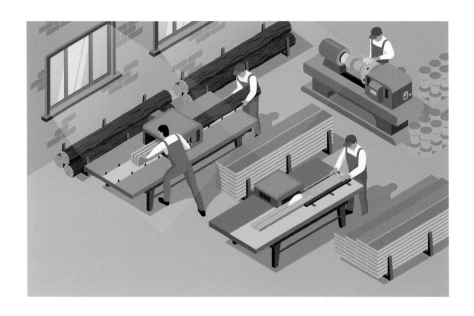

도면 그리기

배에 대한 선주의 요구사항이 모두 확보되면, 나무 널판재 위에 도면을 그린다.

◆ 도면을 그릴 때 '나무 졸대'를 자(R) 대용으로 사용한다.

◆ 나무판재에 그린 배도면(설계도)

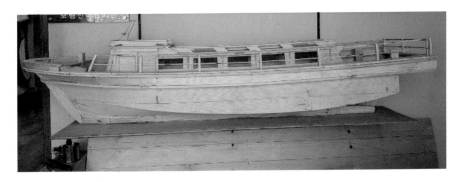

◆ 배 도면과 1:1 비율로 만들어진 대절선

　예전의 설계도라는 것은, 별도로 종이에 그려진 것은 없었다. 도면을 현장에 두면 먼지도 덮어쓰고, 현장에 널린 연장과 목재 사이에서 배가 완성될 때까지 온전하게 도면이 남아 있으려면, 종이가 아닌 목재(널, 판재)에 도면을 그릴 수밖에 없었다. 그리고 종이도면은 습기를 머금은 종이가 울거나 하면 원래 도면과 치수가 달라지는 위험이 있다.

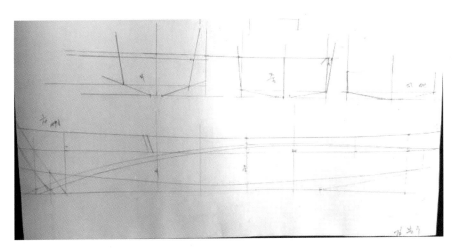

◆ 종이에 그려본 설계도

위 설계도면에서 목선의 전체 윤곽에 해당하는 그림을 보면, 배의 측면의 모습으로 보이는 그림을 쉽게 찾아볼 수 있을 것이다. 그리고 배의 측면모습에 덧그려져 있는 것 같은 불필요해 보이는 포물선이 있을 것이다, 이 포물선은 배의 중심점을 기준으로 해서 그려진 배의 평면도에 해당한다.

배의 앞부분, 중간 부분, 뒷부분에 각각 해당하는 칸막이를 우선 도면에서 치수와 각도를 측정하여, 도면의 10배의 치수에 해당하는 실물 목재를 재단 가공하여 배밑을 앉히고 하나씩 붙여 나가게 된다. 물이 새지 않을 정도의 각도와 치수 계산이 배목수의 손과 눈으로 이루어진다.

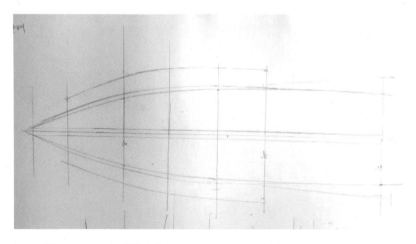

◆ 주낙배라고 하는 연승어선의 평면도

중심선 기준 절반만 그리는 것이 일반적이지만, 이해를 돕기 위해 선체의 좌/우 모두를 그렸다. 배가 다 모아지고, 배를 내리고(진수식) 나면, 배 설계도에 해당하는 도면(널판재)을 대패로 싹 밀어 버려서 그 기록들이 쌓이고 남아 있는 것이 거의 없다. 다만, 목수들은 만들었던 배들은 기본 골격의 치수만 주어지면, 어떤 배라도 지금 다시 그려낼 수 있다.

2-7
· · · ·
목선 건조 과정

배를 만드는 첫 시작은 '배밑'을 앉히는 것이다. 우선은 작업할 위치의 지면을 잘 고르고 큰 망치로 땅을 두드려 잘 다져준다. 목재 무게를 버티지 못하거나 땅이 고르지 않아서 생길 수 있는 기욺과 흔들림을 없애 주기 위해서이다. 그리고는 무릎 높이 정도가 되도록 큰 사각 고임목을 겹치거나 포개어 놓고 흔들리지 않도록 땅에 나무 말뚝을 박아서 말뚝과 고임목을 못으로, 볼트로 잘 고정해서 자리를 잡는다. 그 위에 배밑으로 사용할 큰 나무를 올려놓고 고임목과 몇 군데를 고정해둔다. 이때 기준점이 되는 수평을 잘 맞추어야 하는데, 물 수평(미스무리: 투명 호수에 물을 넣어서 수평을 맞추는 작업용 호스)을 이용하여, 수평을 잡고 배밑으로 사용할 큰 나무에 중심이 되는 먹줄을 놓는다. 배밑이 잘 앉혀지고 나면, 소박한 잔칫상이 차려진다.

그때부터 비 오는 날을 제외하고, 매일 일이 이어진다. 여름에는 더워서 새벽에 일찍 나와서 일을 시작하고 점심을 먹고 나면 잠시 배 바닥과 지면 사이 공간에서 볕을 잠시 피했다. 그렇게 잠시라도 쉬어 주어야, 그늘도 없는 야외에서 진행되는 나무 깎는 일을 해나갈 수 있다.

작업장 주변에 나무라도 있어서 그늘이 있어 주거나 바람이라도 솔솔 불어

주면 일하기 참 좋았다.

여름에는 땀띠를 달고 살아야 했기 때문에 더위라는 것은 참 견디기 힘든 것이었다. 얼마 전, 인도네시아 지역에서 배 모으는 과정을 TV로 봤을 때, 똑같은 작업 여건과 배 아래에 널(긴 나무 판대기/널판)을 깔고 낮잠을 자는 것을 보면서, 배 만드는 목수는 어딜 가나 닮았다고 생각이 들었다. 우리나라 목수의 힘든 하루와 인생살이마저 닮지 않았을까 생각하고 속으로 잠시 웃었다.

배밑, 선수재(미요시), 하반, 칸막이, 고부랭이(마스라), 눌삼, 설삼 순서대로 붙이고 나면 큰일은 거의 했다고 봐야 한다. 제일 힘든 부분은 수평으로 편편하게 누워 있는 판재 '눌삼'을 배 앞부분으로 갈수록 점점 수직으로 가까워지게 휘어 붙이는 작업이다.

급하게 쪼이거나, 무리하게 힘을 주어 휘어 버리면 목재가 쪼개지거나 터진다. 그러면 나무도 버리고, 시간도 버리고 손실이 커지는 것이다. 일을 처음 배우는 목수들은 나무가 터져버리는 것을 겁내 많이 조심스러워 했다. 나뭇값도 나뭇값이지만, 목수 일당을 모두 같이 물어야 한다고 생각한다면 매 순간 신경이 매우 쓰이는 작업단계이다.

배 앞부분 중심부 기둥에 해당하는 '선수재(미요시)'에 틈이 없이, '눌삼'을 붙이기 위해 불로 살살 그을려서 서서히 휘어지게 하거나, 뜨거운 물을 조금씩 부어 가면서 휘어지게 하는 방법도 있다. 그때 사용하는 재료는 양잿물과 가마니, 이불, 불을 피우거나, 토치버너를 사용하기도 한다.

물을 끓여 부을 때 양잿물을 넣고 끓여 사용하기도 했다. 눌삼을 휘어 붙이는 곳에 양잿물을 끓여 부어 가면서 하는데, 다른 것으로 할 때보다 비교적 나무가 잘 휘어지고 작업이 수월해진다. 그렇지만 나무표면의 색상이 약간 누르스름하게 변해 버리기도 했다.

작업을 좀 더 쉽게 하기 위해서 이불이나 천을 덮고 뜨거운 물을 붓기도 한다. 조금씩 뜨거운 물을 부어 가면서 받침대를 높이를 조금씩 올려 가거나, 로프를 감거나 조여서 목재를 서서히 휘어지게 하는 방법이다.

또, 깡통에 작은 나무토막을 넣고 불을 피워 나무 판재에 근접하게 매달아 두거나 받쳐 두어 열기로 인해 나무가 서서히 휘어지도록 하는 방법이 있다. 오래 두면 나무가 타버리거나, 불이 붙을 수 있기 때문에 물을 조금씩 뿌려주거나 깡통 불 조절을 해가면서 해야 한다.

연안할 때 쓰는 '경유 토치 버너'를 이용해서, 눌삼에 직접 열기를 가하면서 휘어 붙이는 방법도 있었다. 나무가 타지 않을 만큼의 열을 지속적으로 주면서, 물도 뿌려가면서 서서히 휘어 붙이는 다양한 방법들이었다.

나무를 다루는 다양한 '직업'을 가진 '목수'들 중에는 가구를 만들거나, 집을 짓거나, 배를 모우(만들)거나, 문이나 창호를 만드는 사람도 있을 것이다.

배를 만드는 배목수의 경우에는, 때로는 선체가 만들어진 배 위에 선원들이 사용할 '집'을 지어야 하고 '문'을 만들고, '창호'를 달아야 하는 일도 생긴다. 비록 그 공간이 크고 넓지는 않지만, 불편하지 않도록, 사람이 거주하면서 잠도 잘 수 있는 공간을 선실 내에 만들어야 했다.

2-8

목선 건조 현장(출처: Daum café '우리배 이야기')

선수재 (미요시)

고무찌

하반

졸대

◆ [사진 1] 배밑을 앉히고 선수재, 하반, 고무찌를 붙인 모습

    수평으로 붙인 졸대의 모양에서 유연하고, 자연스러운 '아우리'(포물선)가 나와야 배 바닥 부분에 해당하는 판재인 '눌삼'을 잘 붙이고, 물살을 잘 가를 수 있다.

    배밑과 선수재(미요시) 하반 등 모든 나무에는 중심선이 먹줄로 표시가 되어 있어서 조립하는 과정에서 모든 먹줄과 먹줄의 수직과 수평에 대한 다양한 오차 검증이 반복적으로 계속된다.

배밑에 조금이라도 오차가 발생하면 위로 올라갈수록 배가 한쪽으로 기울거나 편차가 생길 수 있다. 만약 그런 배가 바다로 나가서 항해하면 배의 균형이 틀어지거나, 진행 방향이 맞지 않기나 하는 등의 문제들이 금방 노련한 선장, 선원들에 의해서 드러나게 될 것이다.

◆ [사진 2] 물구멍과 밥치는 구멍

배밑을 놓고 부재를 하나씩 모아서 붙여 나갈 때, 다 만들어진 배가 물이 새지 않을지를 생각하면서, 대응해 나가는 것이 무엇보다 중요하다.

[사진 2]처럼 뼈대로 보이는 늑골(고무찌)을 그냥 붙이고 배가 만들어지면, 물막음 작업을 할 수가 없다. 그렇기 때문에 늑골(고무찌)을 깎아 놓을 때 밥치는 구멍을 미리 따버리고 배를 만든다.

나중에 배 밑바닥 나무에 해당하는 누울삼(눌삼)이 붙여지고 나면 밥치는 작업을 할 수 있는 공간이 생긴다.

칸막이 표시 쫄대

설삼 표시 쫄대

2013/04/05

◆ [사진3] 눌삼을 붙인 모습

　　작업 중 배가 흔들리거나 뒤틀리지 않도록 배밑 받침목과 고정도 잘해야 한
다. 삼을 받치고 있는 고임목도 중간중간 설치하여 작업자가 위에서 올라가서
작업하더라도 흔들리지 않아야 한다.

볼트 체결

다끼 구멍 (대못)

2013/04/05

◆ [사진 4] 고무지의 볼트 체결, 눌삼의 대못 체결 상태

하반

설삼

◆ [사진 5] 설삼(웃삼)을 붙이는 모습

볼트

대못

◆ [사진 6] 설삼에 볼트와 대못을 박아 고정한 모습

널

먹줄 표시

2013/04/15

◆ [사진 7] 태삼을 붙이고 바닥 널을 깔아 놓은 모습

해추선(땐마)은 용도에 따라 바닥에 널을 깔기도 하고, 깔지 않기도 한다. 사진의 배 중심부에 길게 널을 걸치는 나무가 하나 있고, 붉은색을 띠는 스기'널'에 먹줄이 검게 튕겨 있는 것이 보일 것이다. 이것은 널을 놓거나 덜어내거나 할 경우 다시 "조립하기 위해 '먹줄'로 표시"를 해두는 것인데, 그래야 쉽게 널을 제자리에 끼워 맞출 수가 있다.

배 중심에 있는 길게 놓인 걸침목 좌/우로 널을 두 벌 설치하는데, 양측이 서로 바뀌지 않도록 먹줄을 모양을 다르게 튕겨 놓거나 반대로 튕긴다.

사람이 자주 왕래하거나, 물을 밟지 않아야 할 경우 널을 깔고 운항한다. 화물이나 젖은 그물 등 많은 짐을 싣거나 배수나 청소가 번거롭지 않도록 널을 뜯고 운항을 하는 경우도 있다. 비가 내리면 배 안에 빗물이 고여버리는 구조이기 때문에, 해추선은 늘 물을 퍼내는 것이 배 관리에서 많은 부분을 차지한다.

똥개

개다리

◆ [사진 8] '똥개'와 '개다리' 모습

배 뒷부분의 똥개와 개다리의 모습이다. 이름이 왜 그런지는 잘 알 수가 없다. 뒷부분은 수면보다 위로 늘 올라와 있다. 지금의 어선이나 동력선 대부분은 개다리나 그 자리를 대신하는 물받이 같은 부위가 모두 물속에 잠겨 있는데 해추선은 배 뒷부분이 위로 들려 있는 구조라서 수면 위로 노출되어 있다. 배가 달리거나 회전할 때 그 차이가 분명하게 나타난다.

선수재(미요시)

◆ [사진 9] 소형 어선

거의 완성이 다 되어가는 어선의 모습이다. 이 어선에 사용된 선수재(미요시)의 목재 색상이 두 가지로 보인다. 삼을 붙일 때 '속미요시'를 설치하여 볼트체결작업을 하고, 마감할 때 갈색 목재로 '미요시'를 붙이는 경우이다.

◆ [사진 10] 배 위의 모습

◆ [사진 11] '물칸'과 '어창' 등의 모습

◆ [사진 12] 설삼의 제작 모습

◆ 다끼구멍

◆ 다끼 구멍에 대못 구멍을 내는 모습

◆ 대못을 쳐서 판재을 어어 붙이는 모습
[출처 : 한겨레-온 마광님의 배목수 이야기]

다끼구멍(다끼)

판재를 이어붙일 때 대못을 쳐넣는 구멍을 미리 파두고 못을 친다, 원목을 크게 잘라내지 않고 그대로 살리고, 작은 나무를 이어 붙이는 목재 활용이 중요하다.

설계도면에 있는 치수를 그대로 목재로 옮겨 가공하는 과정인데, ㎜ 단위로 재단하거나 측정을 하지 않더라도 기역자와 먹줄로 표시한 위치(寸)만으로도 물이 새지 않을 정도로 정확하게 만들어내는 데 큰 무리가 없다

◆ [사진 13] 일제강점기 사천지역의 사진

◆ [사진 14] 정박 중인 목선들

◆ [사진 15] '연안' 수리 중인 대형 목선

◆ [사진 16] 태풍으로 인해 육상으로 올라와 버린 대형 목선

◆ [사진 17] 사진 출처: 강원도 속초 칠성조선소 Café

목선의 형태를 복원하고, 구조를 이해하기 쉽도록 제작된 강원도 속초 '칠성 조선소 카페'의 목선 사진을 가져와봤다. 그 당시 오징어배, 명태잡이배 등의 용도로 사용된 유선형 배의 모습으로 내부구조가 잘 보이도록 만들어져 있다.

◆ [사진 18] 중선배의 모습
출처:Daum cafe 우리배 이야기

◆ [사진 19] 중선배
출처:Daum cafe 우리배 이야기

[사진 18]과 [사진 19]의 중선배의 모습을 보고 우리나라에 존재했던 배인지 궁금할 수 있다. 동남아에 있을 것 같은 배라는 느낌도 들 것이다.

엔진을 달고 치를 잡고 있는 사람의 신장(키)을 기준으로 배 길이를 추산하여볼 때, 매우 큰 배로 보인다. 운전하는 사람의 키를 170cm라고 가정할 경우, 배의 총 길이는 19~21m 정도로 추정된다.

물 밑의 배 구조는 지금과는 조금 다른 구조였다고 한다. 배 선수재 앞부분이 뾰족한 것이 특징인데, 나중에 시간이 흐르면서 이 부분을 잘라내어 둥글고 유선형으로 바뀌어 현재의 어선들과 같은 모양이 된다.

동력선이 증가하면서 먼바다로 나갈 수 있게 되자 장기간 파도와 바람에 대항하는 일도 늘었다. 바닷물이 배 위로 올라와 배전에 물이 많이 실리는 것을 막기 위해, 배 앞부분을 바람을 막을 수 있는 형태로 변한 것이다. 초기에는 조금 둥근 느낌이었으나, 나중에는 완전히 둥근 형태의 뱃머리로 변화를 해왔다.

◆ 초기 뱃머리   ◆ 후기 뱃머리

배 내리기(진수식)

이제 '배를 내린다'고 하는 진수식 이야기를 할 것이다. 진수식 하면 대형 크레인으로 배를 매달아 들어서 바다 위에 내려놓거나, 바다로 철로가 깔려 있는 곳에 수레(선대, 센다이) 위에 올라있는 배가 바다로 미끄러지게 내리는 것을 생각할 것이다.

예전에는 중장비도 없었고, 평평하거나 반반하지도 않은, 조건이 좋지 않은 울퉁불퉁한 자연상태 그대로의 땅에서 크고 무거운 배를 바다로 이동시켜 바닷물에 내렸는데, 인력에 의존해야 하므로 여러 사람이 있어야 했다.

배를 내리는 것은 경험이 많은 목수에게도 신경이 많이 쓰이는 작업이다. 하루아침에 한두 번 본 것을 따라 한다고 될 것도 아니고, 직접 해본 경험이 중요하다. 같이 일하는 목수들도 경험도 많아야 하고, 말이 없이도 척척 서로 손발이 맞아야 하는 일이다.

큰 배 내릴 때는 대화할 겨를이 없다. 눈치만 보고서도 서로 대처가 되어야 한다. 동글동글한 쇠파이프나, 통나무를 굴림대 받침으로 놓고 배를 조금씩 밀어서 이동하면서 굴림대도 이동해 가면서 바다로 서서히 배를 이동해 가는데, 배가 좌우로 기울지 않도록 조심한다.

배가 큰 경우에는 배를 만들던 작업장에서 땅에 굴림대를 깔아가면서 배를 밀어 해안가로 옮겼다. 머리가 물에 잠길 정도의 위치에 이르게 되면, 바다 위에 대기하고 있던 동력선(기계배)이 진수할 배에 로프를 매달아 천천히 끌어주면서 바다로 인도하기도 한다.

'선대(船臺)'에서 배가 바다로 갈 때는 배의 뒷부분이 바다로 먼저 들어간다. '선대(船臺)'가 없는 곳에서 인력으로 배를 바다로 내릴 때는 머리가 먼저 바다로 들어가게 된다.

◆ 상가대에 태워진 목선의 진수식 장면

'크레인'이나 '선대'가 없는 곳에서 배를 내려야 하는 또 다른 경우는, 선창이나 사람 키 높이 정도의 콘크리트 축대 위치에서 바다로 내리는 것이었다.

이런 경우에는, 굵고 긴 큰나무를 미끄럼대 용도로 여러 개를 설치한다. 축대나 선창에서부터 바다로 길게 늘여 놓고 배가 바다로 가도록 내리기도 했다. 배가 잘못 기울면 진수가 아니라 입수가 될 수도 있는 상황으로 조금 어렵고 힘이 드는 진수 방식이라 할 수 있다.

배 진수하는 방식들 중에 배를 앞부분이나, 뒷부분이 바다로 들어가는 경우도 있었지만 축대, 방파제 등 급경사가 있는 경우는 배의 측면이 바다로 먼저 들어가도록 내리기도 하였다.

배를 모우던 처음의 받침대(괴목,굄목,계목) 위에서, 다 만들어진 배를 이동시켜 바다로 가기까지 조금씩 조금씩 내려갈 때, 사람들이 모두 같이 "하나, 둘" 하면서 구령을 맞추었다. 목수, 선주, 지나가는 구경꾼 모두 가던 길을 멈추고 구경하거나, 같이 힘을 보태어서 밀어주기도 하고 했다. "하나~ 둘", "영~차", "영치기~ ,영차", "어~가야", "요~가야", "요가" 등의 구호를 같이 외치면서 많은 사람이 힘을 합쳤다.

작은 뗏마 정도의 크기는 성인 남자 4~5명 정도라도 쉽게 가능했지만, 엔진을 올린 큰 배, 고대구리, 이수구리(이시구리), 대절선 크기 정도 되면, 지금의 큰 중장비를 이용해서 옮기고 바다에 내려야 할 정도로 쉬운 일이 아니다.

배가 물에 잘 내려가면, 선주는 배를 내릴 때 도와준 사람들과 배를 만든다고 수고한 배목수와 사람들을 위한 잔칫상을 준비하고, 배 위의 짐대앞(기관실)에는 고사상이 차려진다.

식탁도 없고 좋은 자리는 아니지만, 배 만들고 남은 긴 판재를 펼쳐놓고 좌우로 길게 동네 사람들이 모여 안으면 선주 가족들이 음식을 나르기 바빴다. 구경나온 사람이나, 손님들은 덕담을 해주고 한잔하면서 그날만큼은 다들 웃고 웃는 기분 좋은 하루가 만들어진다. 배 선주와 가족들은, 푸짐하게 손님과 목수들을 대접하고, 기분 좋게 배를 내리는 날에는 앞으로도 재수(운) 좋으라고 많이도 베풀었다. 배를 타야 하는 사람과 가족들의 무사 안녕을 빌었을 것이고, 용왕님께도 고기 많이 잡아 돈 벌고, 선원들 무탈하게 해달라고 바다에도 말 없는 간절함을 빌고 빌었을 것이다.

◆ 1990년 진수식한 배 / 본인의 FRP배

목선 수주나 제작이 줄어들면서 90년대에 들어서면서 목선은 많이 있었으나, '새 배'를 목선으로 주문하는 것은 줄어들기 시작했다. 그 당시 배목수 일도 하면서 부업 삼아 하던 미더덕 양식에 큰 배가 필요해서 FRP 형틀에 해당하는 몰드를 직접 만들고 FRP배를 만들었었다.

    배 만드는 목수의 입장에서, '목선'과 'FRP선박'의 차이점은 배를 만들 때 도면을 정반대로 해석하는 것이다. '관점이 정반대'인 것이다.

    목선은 배 도면을 치고(그리고) 나면, 마감면이 배의 외부면이었다. 하지만 FRP몰드는 마감면이 배 모양의 내부였기 때문에 같은 도면을 보고 배를 만들기 시작해도, 모든 작업 과정과 도면을 반대로 해석해서 만들어야 해서 어려움도 있었다.

    사진의 중앙에 새 'FRP선박'과 우측의 '대형 목선(장성호)'의 배 모양이 거의 동일한 것을 볼 수 있다. 방향타만 '치 손잡이'에서, '버스 핸들'로 바뀌었다. 그것은 우열의 문제가 아니라, 서서히 방식의 변화가 일어나고 있었고 엔진은 점점 더 차량 엔진의 대형 마력으로 옮겨 가고 있는 시절이었다.

◆ 집대 기둥에 세워둔 만선기 / 배 이름−선주 이름이 보인다

　배 내릴 때 하는 몇 가지 풍습이 있었다. 첫 번째는 오색 만선 깃발을 달아주는 것, 두 번째는 고사(告祀)를 지내는 것, 세 번째는 '돈 떡'이라는 것이다.

　만선 깃발과 고사는 선주와 선원들의 안녕, 재수, 풍어를 기원하는 오색 깃발을 대나무에 달아서, 배의 기관실 쪽 크레인과 등대 역할을 하는 '집대 기둥'에 묶어서 세워준다. 배가 달리면서 앞바람을 안으면 대가 휘어지고 깃발이 매우 힘차게 바람을 가르는 오색 깃발의 모습을 상상해 보면 될 것 같다. 물고기를 많이 잡은 날은 돌아가면서 진수식 때 만들어둔 '만선기(滿船旗)'를 달기도 했다. 항구에서 배를 기다리는 사람들은 만선기를 보고 아무 사고 없이 물고기를 많이 잡았음을 알아차렸다. "누구 배 기(旗) 달았다"라고 이야기하는 것이다.

'돈 떡'을 들어보셨나요?

어촌에서 배 진수식 때만 보게 되는 특이한 풍습 중에 '돈 떡'이라는 것이 있다. 흰쌀로 만든 찰떡에 돈을 넣어 빚은 것인데, 속에 든 돈이 보이지 않도록 떡을 잘 뭉쳐야 한다. 크기는 보통 왕만두보다 약간 더 큰 정도지만, 크기도 모양도 제각각이었다. 속에 넣는 돈은 동전부터 지폐까지 '종류별로 하나씩' 준비한다.

고사를 마치고 나면 선주(船主)와 목수들이 각각 돈 떡을 하나씩 아무것이나 무작위로 나눠 들고는 진수식과 고사를 마친 정박된 배 앞머리(선수船首)에서 육지에 있는 사람들에게 던지듯 뿌린다. 간혹 배 만들 때 심부름 잘하는 애들이 있으면, 선주나 목수들이 조용히 불러서 어디에 서 있으라고 하고 돈 떡을 일부러 그 방향으로 던져 주기도 했었다.

그리고 짓궂게 하는 장난이 한 가지 있었는데 떡 한 개는 꼭 바다에 던지는 것이었다. 그럼 누군가가 바닷물에 빠진 돈 떡을 건지기 위해 바지를 걷어 올리고 물속으로 들어가는 장면이 연출된다. 고생해서 건져 올린 돈 떡 속에 든 것이 액수가 가장 큰 지폐일 수도 있고, 그냥 동전일 수도 있었다. 지폐든 꽝

이든 잔치 음식도 실컷 먹고, 복권 타듯 주워든 돈 떡을 까보면 돈이 들어있는 '행운'도 받으면서 기분 좋은 시간으로 마무리된다. 물론 아무것도 안 나오는 '그냥 떡'도 있다. 하지만 떡을 주웠으니 '꽝'은 아닌 셈이다. 요즈음 배 진수식에서는 하지 않는 것으로 안다.

또 진수식에 나온 사람들은 선주에게서 배 이름과 날짜가 적힌 수건을 하나씩 선물로 받아 갔다. 배 진수식과 돈 계산(임금 등)이 끝나면, 선주는 배목수에게 양복을 한 벌 맞춰 주거나, 내복을 선물하곤 했다.

- 3장 -

우해(牛海)
어부 이야기

한호근 어부 인터뷰

- 성명: 한호근
- 마산 진동면 고현리(장기마을)(1946년생)
- (전) 마산 진동 어촌계장
- (전) 마산 서부수협 조합장
- (현) 진동면 장기마을 이장

나의 아버지는 선두마을에서 살다가 장기마을로 이사를 와서 살았는데, 배 목수 일을 생업으로 하셨다.

배를 만드는 주문이 매월 연중 있는 것이 아니라서, 새 배를 만들거나 수리 하기도 했지만, 먹고살기 위해 농사나 고기잡이 등 다른 일도 해야 했다.

새 배를 만드는 주문이나 수리할 일도 없었을 때, 아버지는 많이 사용하는 선형의 배를 주문이 없더라도 미리 만들어서 팔기도 했었다. 집 앞마당에서 배를 만들면 사람들이 배를 들고 골목길로 이동해서 바닷가 해안에 배를 내 리기도 했었다.

배를 만들거나 고치는 일이 없는 경우, 생업을 위해 문어를 잡으러 낚시를 나가기도 했다. 멀리 나갈 때는 돛이 2개 달린 '주낙배'에 아버지와 둘이 나가서 반나절 이상 바람을 타고 노를 저어서, 거제 앞바다 '괭이섬'까지 갔있다.

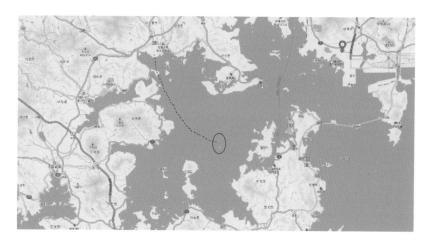

◆ 괭이섬
(지도 출처: Daum 지도)

'북괭이', '남괭이'라고 부르기도 하였고, '큰괭이', '작은괭이'라고도 부르는 섬이 바다 한가운데 있는데, 문어가 잘 잡히는 곳이라서 먼 거리를 마다하지 않고 노를 젓거나, 돛을 단 배를 타고도 다녔었고 미끼는 멸치를 사용했다.

돛이 2개 달린 작은 배를 타고 2월부터 4월까지 석 달간은 마을 앞 1~2km 이내 가까운 내만에서 '손방질'이라고 불리는 것을 했다. 바다에 그물을 쳐서 고기를 잡을 때, 그물을 끌거나 올리는 것을 기계나 동력의 힘이 아닌 사람의 힘으로 하는 것이다. 주로 딱새, 도다리, 잡어들을 잡았었다.

유자망도 했었고, 낚시를 잘하시는 노련한 어부들은 5월부터 노래미, 뽈낙 등을 낚시로 잡았었다. 7월 중순부터 10월까지는 문어를 주로 잡았다.

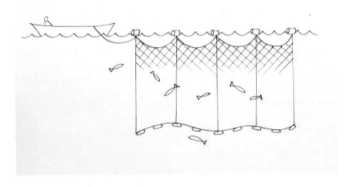

◆ 자망 어업법 유자망-流刺網

11월에는 괭이섬까지 노를 저어 가서 손방으로 난도다리를 잡아서 진동면 고현 어판장에서 경매를 했다. 해가 바뀌고 봄이 되면, 고성 동해면, 마산 진전면 막개마을 근처까지 가서 복어를 잡으러 나갔었다. 계절이 바뀌고, 고기도 어종별로 움직임이 달라지는 시기가 되면, 그때 물때와 고기 잡는 자리를 찾아서 어부들도 움직이는 것이었다.

현재처럼 어군탐지기로 바닷속을 들여다볼 수도 없던 시절의 과거라고 생각되지만, 전래로 지역에 맞는 경험적 기술들이 누적되어, 철 따라 어종을 구별하여 물고기를 잡는 위치와 방법들이 전해 내려오고 있는 것이다.

여름에는 문어를 잡았다. 일반적으로 한번 나가서 많으면 30~40마리 정도를 잡았었다. 봄 지나고 나면 7월에서 10월 사이 문어가 커진다. 잡은 것은 주로 말리거나, 생물로, 또는 제사상에 올리는 용도로 팔기도 했다.

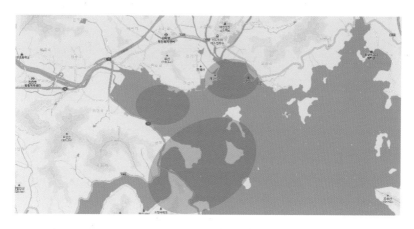

◆ 집 근처 해안의 조업 지역

고현마을에 '장명호'라는 큰 배가 있었는데 작은 배들이 물고기나 문어를 잡아서 말려서 모아오면, 장명호를 이용해서 마산어시장의 수협 공판장으로 운반하고 경매를 넣고 하는 일을 하기도 하였다. 마을에 짐을 싣고 운반할 차량도 흔하지 않았고, 어촌에 배들이 있는 것은 일상이고 하여, 뱃길로 많은 운반과 교통이 이뤄져 왔다. 지금은 배를 타고 마산으로 가는 사람은 없다.

배를 타고 멀리 나가서 며칠간 고기를 잡을 때는, 식수나 식량이 모자라면 인근 어촌마을에 정박하고, 잡은 물고기나 문어를 고구마나 감자, 보리쌀로 교환하였다.

동력선이 없던 시절에는, 돛 2개 달린 주낙배를 주로 타고 다녔다. 70년대 들어와서 동력선이 보급되면서 대동 15마력, 45마력, 야마르 등 35마력급 엔진으로 배 동력이 커졌다.

◆ 지붕이 없는 것, 지붕만 있는 것, 비닐하우스가 있는 것 3가지 형태

사진은 1970년대 본인 소유의 장성호 사진이다. 대동 15마력을 탑재한 장성호는 짐을 많이 실을 수 있도록 앞부분 절반이 갑판이 없는 개방형태이다. 엔진 사이즈가 커지고 중요해지면서, 뗏마 형태에서 기관실 부분이 솟아오른 모양이다. 선창 끝 파란색 큰 배는 일통호로 50~60년대 만들어진 화물선이다.

- 선창에 정박 중인 엔진 달린 작은배(경운기 엔진)
- 자망배(엔진 달린 배)
- 대형 목선(물에 잠긴 '긴 치(방향키)'가 다 드러나 보인다)

내가 고기를 잡을 때나, 꼬막 양식업을 할 때나, 미더덕 양식업을 하는 지금이나 공통적인 것은, 오래전부터 탔던 목선도, 현재 양식장 관리선으로 사용 중인 배도 배 이름(선명船名)이 모두 '장성호'라는 것이다.

연대별	어선형	규모(길이, 톤)	추진방식	어업수단
50~60년대	뗏마(목선)	5~6m(1~1.5Ton)	노, 돛	주낙, 손방질
70년대	외선(목선)	6~7m(1.4~1.7Ton)	디젤엔진(대동)	꼬막채묘
80년대~	유선(목선)	7~8m(2.9~3.5Ton)	디젤엔진(야마르)	꼬막채묘
90년대~	유선형(FRP)	7~8m(3.5~3.8Ton)	디젤엔진(자동차)	미더덕
2000년대~	유선형(FRP)	7~8m(3.9~4.2Ton)	디젤(해상기)	미더덕

　서 먹고 살길은 예전에는 물고기 잡아서 먹고 사는 어부, 해녀배, 잠수부, 바지락을 캐서 팔거나, 해초를 뜯어서 팔고 하는 것이었다. 학생들이 용돈벌이 삼아 낚시 지렁이를 잡아서(파서) 팔거나, 청각을 뜯어서 팔기도 했다.

　그러다가 벼 짚단에 '피조개 채묘'를 엮어서 피조개 양식을 하는 것이 생겨났는데, 꽁치 그물로 만들어서 '수정 채묘'를 했었다. 양식업이 성공하면서 이제는 물고기 잡는 일은 그만 바라보게 되었고, 동력선을 이용한 양식업으로 주업종이 점점 마을 전체로 확산되고 바뀌게 되었다.

　그때, 배 이외에 추가로 필요한 것이 '대형 작업 뗏목'이었다.

◆ [작업용 뗏목] 지붕이 없는 것, 지붕만 있는 것, 비닐하우스가 있는 것 3가지 형태

76년부터 85년까지 대략 10년 정도 외지의 사람들이 들어와 피조개 채묘를 하였는데, 점점 인기가 떨어져 85년 이후 현재는 피조개 채묘 관련 일을 하는 사람은 아무도 없다.

80년 중반부터 마을에서 미더덕 양식을 조금씩 하던 것이 현재에는 마을 대부분의 사람들이 미더덕 관련 일을 하고 있다. 처음 미더덕 양식을 할 때는 현재의 바다 위 양식장 형태가 아니었다. 초창기에는 마을 할머니들이 해안가 바위에 붙은 미더덕을 따서 연필깎이용 칼이나 작은 칼로 껍질을 깐 뒤 어시장에 가져가 팔곤 했다.

면소재지 어촌계가 형성되면서 어업과 어촌계 일을 병행하면서 살아왔다. 현재 면소재지의 '어촌계'는 '수협'으로 변화 성장하였고, 나는 퇴직을 하였다. 소일거리 삼아 미더덕 양식도 계속 하고 있다.

3-2

장학선 어부 인터뷰

- 성명: 장학선
- 마산 진동면 고현리 장기마을 1945년생
- 어업, 양식업, 농사일

　나는 어려서부터 작은 배를 타고 고기를 잡아서 생업으로 하는 어부로 살아 왔고, 현재는 미더덕 양식업을 하고 있다. 마을 주민들 대부분이 2~3명이 짝을 지어서 방질을 하거나, 고대구릿배가 나가는 시기가 되면 많은 사람이 배를 타고 여러 날을 고기잡이 나갔었다.

　조업이 없고 하는 날은 마을 앞 매립지 공터에서 그물 손질하는 것이 일상이었다. 볕이 좋은 날은, 모여 앉아서 어디어디를 가서, 어떤 고기를 얼마나 잡아 다가나, 고생했던 이야기들이 이어지고 하였다.

나 역시도 고향집 앞바다에서 작은 배로 고기를 잡거나, 고대구릿배에 선원으로 배를 타고 멀리 나가는 일도 많았다. 동해안, 남해안, 서해안도 모두 다 다녀봤는데, 지역마다 바닷물 성질이 다르다고 해야 할지, 동해안은 물이 흐르는 느낌처럼 있는데 파도가 크게 일고 바람이 세차고 해도 조수가 들고 나는 느낌이 크지가 않았다고 생각한다. 서해는 말할 것도 없이 조수 차가 심하게 있어서 뱃길도, 물때도 잘 알아야 했다. 물때와 뱃길을 잘 알고, 그것을 보는 것이 배 타는 사람의 경험과 기술이라 할 수 있겠다.

고향에 정착해서 '자망'과 '정치망'도 하고 고기잡이를 생업으로 오래 했었다. 예전 정치망 하던 자리는 고기가 지나다니고 잡히고 했는데 현재는 선창이 그 자리에 들어서 있다. 지금 그 선창은 낚시꾼들이 자주 오는 곳이기도 하다.

배를 타고 고기를 잡다 보면 낯선 해안이나 멀리 갈 때가 있기도 했다. 간혹 해군부대 인근 지역에서 고기를 잡다 보면, 배 위치를 알 길도 없고 해상 군부대 경계 표시가 정확하게 없다 보니 군부대에 잡혀가는 일들도 있었다. 작은 고기잡이배 젊은 어부들이 잡혀 왔는데, 바다 위에서 고기 잡느라 행색이 말할 수 없을 정도였다.

조사를 받고 하여도 뭐 나올 것도 없고, 날도 저물어 군부대에서 하루 먹고 자고 풀려난 적도 있었다. 다행히 심한 취조나 구타 같은 것은 없었는데 간혹 군부대에 끌려가서 고생하는 사람들도 있긴 했다.

또 한번은 거제도, 통영 방향 조금 먼 바다로 조업을 나갔다가, 바람이 거세고 하여 인근 섬에 잠시 정박하였는데, 비도 많이 내려서 오갈 데 없는 처지가 되었다. 아는 사람이라고 하나 없는 섬이었지만, 어디서 왔느냐고 묻기만 하였고, 홀대하지는 않았다. 바다 위에서 사는 어부들의 일상들이 다들 비슷비슷하여, 별말이 필요 없기도 하였다.

그날 만나서 어디서 왔냐고 물은 사람 중에 이야기를 나누고 했던 사람이 같은 장씨 성을 가진 사람이라고 불편하지 않게 대해줘서 낯선 섬에서도 하루 자고 나온 일도 있었다.

∴ 선상 생활(의, 식, 주, 물水, 잠宿, 피항)

◈ 수산물 거래

조업을 나가서 잡은 수산물(고기, 문어)은 인근 육지 공판장이나 섬에서 고구마나 보리쌀로 교환해서 선상 먹거리 해결을 하기도 하고 생활에 보태었다.

◈ 조업 일정

2~3명이 함께 배를 타고, 노를 저어서 짧게는 당일, 조금 길게는 3일 정도 일정으로 준비물을 챙겨서 조업을 나갔다. 때에 따라서는 물고기가 너무 안 잡히거나 일기가 좋지 않거나 하여 계획에 차질이 생길 수도 있다. 멀리 오래 가면 일주일 정도 해상에서 숙식하기도 했다.

◈ 선상 식생활

1960~70년에는 배에 싣고 다니는 '곤로'가 있었다. '곤로'를 사용하여 밥, 라면, 고구마, 잡은 수산물 조리해서 먹었다. 곤로가 나오기 이전에는 배 위에서 밥을 해먹기 위해 불을 지필 수 있는 시설을 만들어야 했다. 진흙과 돌로 만든 작은 아궁이 같은 것을 놓다가 '곤로'가 나오고 나서는 '곤로'를 이용하는 것이 편리하고 좋았다.

'잘피', '몰'이라고 부르는 해초식물이 있는데, 나락처럼 알이 맺혀 있는 시기가 되면 그것을 따서 먹었다. 먹을 만하고 맛이 좋거나 나쁘거나 하지도 않고,

예전엔 먹을 것도 없고 해서 먹기도 했던 것 같다.

∴ 잡은 고기의 거래

◆ 문어

잡은 문어를 그냥 말리는 피문어, 껍질을 벗긴 백문어 형태로 거래했다(인근 면 소재지 '진전면 오서리'에 전문 운반업자가 있었음). 인근 2개 마을을 지나면 도착하게 되는 진전면 오서리에는 시장거리가 있는데, 등짐을 멘 운반꾼들이 등짐을 지고 가서는 장날 시장에서 판매를 하였다.

◆ 거래 / 판매 / 현금화 방식

고기를 잡아서 팔아 돈이 된다는 생각보다는 쌀, 보리쌀로 교환해서 먹었다(경상 사투리 중에, '쌀을 사러' 간다는 것을 '쌀 팔러 간다고 하는 말이 있음). 쌀을 팔러 간다는 말은 예전 해안가 수산물 거래 시 내륙의 곡물과 교환해서 먹는다는 것으로 미루어, 물물거래가 한동안 있었던 흔적으로 유추가 된다.

∴ 잡은 고기의 보관

◆ 해상 수족관 형태

대형 대나무발을 바닷물에 담가 그 속에 물고기를 넣어 두었다. 수족관이나 산소 공급기가 없던 시절에 잡은 물고기를 오래 보관하는 방법으로 이끼수, 삐끼라고 하는 대나무 발을 많이 이용했었다.

◆ 장어 보관용 대나무 통발 '이끼수' / 출처: daum카페 바들 가는길

◆ 육상 창고 보관: 집에서 반건조 / 건조 형태로 생선 건조하여 보관

∴ 장학선 어민의 주요 어선력

연대별	어선형	규모(길이, 톤)	추진방식	어업수단
50~60년대	뗏마(목선)	5~6m(1~1.5Ton)	노, 돛	주낙, 손자망
60~70년대	외선(목선)	6~7m(1~1.5Ton)	노, 디젤엔진	자망
80년대~	외선(목선)	6~7m(1.2~1.6Ton)	디젤엔진(대동)	정치망, 자망
90년대~	유선형(FRP)	7~8m(2.5~3.8Ton)	디젤 엔진(차)	미더덕
2000년대~	유선형(FRP)	7~8m(3.5~4.3Ton)	디젤(해상기)	미더덕

∴ 어업 활동 해역

어업 해역	어업 시기	고기 종류
장기마을 근해	연중	자망(전어, 잡어 등)
가덕도연안, 저도	설-추석 전	볼락(주낙)
정치망	연중	전어, 숭어, 딱세, 도다리, 잡어

∴ 파도, 바람, 조수의 해역별 난이도

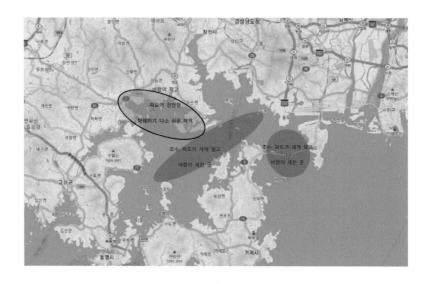

젊은 시절, 노를 젓는 배를 타고 남동생과 거제 앞을 지나 가덕도까지 고기잡이 낚시를 간 적이 있었다. 파도가 일어나서 흩날리는 바닷물과 파도가 배 안으로 조금씩 흘러들어 고이면 동생은 바가지로 물을 퍼냈고 나는 노를 저었다. 그때 내가 타던 배는, 배라고 할 수 없을 정도로 작고 낡고 노후해서 발로 차버리면 금방 무너질 것 같은 느낌이 들 정도였다.

그 배를 타고 명절 전에 가덕도 인근까지 볼락을 낚으러 가게 되었는데 물때와 시간을 잘 알고 가면 배가 물길을 따라 흘러가면서 순조롭게, 수월하게 노를 젓고 갈 수 있었다. 그러나 물때가 반대 방향이면 조수를 거슬러 노를 저어야 하므로 힘만 들고 배가 잘 나가지도 않는다.

조업을 멀리 나가면 배 위에서 모든 것이 해결되어야 한다. 쉬거나 잘 시간이 되면 짚으로 된 가마니를 깔고 덮고 잤다. 가마니가 그렇게 따듯한 것인지 아마도 경험해본 사람은 알 것이다.

　새벽에 별빛을 살펴보거나, 바람을 조금 읽을 수 있는 정도가 되는 어부는 내일 날씨를 짐작할 수 있었다. 바람이 일 때, 물때가 맞으면 그때 맞춰서 섬과 육지 사이의 큰 바다를 건너야 한다. 그렇지 않으면 바람과 물길을 잘못 타고 이동해 바다 위에서 작은 배를 타고 원하는 곳으로 가기 위해 많은 고생을 해야 한다.

∴ 부산 가덕도 가는 뱃길

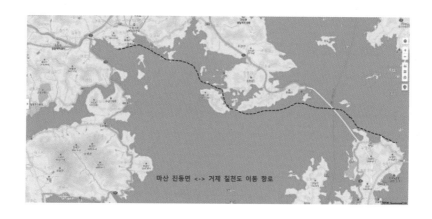

마산 진동면 <-> 거제 칠천도 이동 항로

∴ 진동면 ~ 거제도 장목 방향 뱃길

　돛을 달고 노를 저어서 다닐 때는 한나절을 꼬박 걸려 가덕도까지 이동했다. 두 사람이 번갈아 가면서 노를 젓고, 배 안에 물을 퍼내면서 먼 길을 다녔지만, 그때 힘든 것은 바다 위에서 일어나는 사고나 풍랑, 큰 파도였지 노를 저어야 하는 힘듦은 아니었다.

마산 진동면 <-> 거제 칠천도 이동 항로

고기잡이 나갔다가 사고로 고인이 되는 사람들도 간간이 있었던 시절이다.
지금 생각해 보면 어려운 시절이었지만, 바다와 함께 살고 있는 것이다.

송진흥 어부 인터뷰

- 성명: 송진홍(1925년 94세/소띠)
- 마산 진동면 고현리 장기마을 거주
- 대형선단 연락선 운항 10여 년, 방질과 고기잡이,
  미더덕 양식업을 하고 계심

　나는, 아버지 '선친' 대에 경남 고성군 외현면 영천에서 살다가 일제 시절에 일본에 징집되어가지 않으려고, 고성의 30마지기 논밭을 다 급히 처분하고, 숨어서 마산으로 도망을 오게 되어 그 뒤로 여기 진동면 장기마을에서 살게 되었다. 그 당시 일본 왜놈들한테 징집되어 잡혀가면, 영영 못 돌아오는 것이었다.

　여기 정착해서 살면서, 멸두리나 대형선단의 연락선 기관장을 하면서 십수 년을 지내왔다. 동해안, 부산, 남해 일대로, 우리 어선-선단이 나가서 조업할 때 연락선을 타고 식료품을 가져다 나르고, 조업품을 다시 가져오고, 내릴 선원을 데리고 오고, 다시 조업할 선원을 내려주고 하면서 육상과 해상을 오고 가는 일을 하였다.

통신사정이 좋지 않은 시절에 포항 쪽 해상에서 연락선을 띄워서 출항을 나간 적이 있었는데, 어떻게 하다 보니 3일간 통신이 안되는 상황이 발생했다. 장비가 여의치 않고 하던 시절이라 그랬을 수 있었으나, 별다른 다른 방안이 없다 보니, 가족들은 배를 탄 선원들이 모두 사고를 당한 것이라 짐작하고 난리 아닌 난리가 있었던 적도 있었다. 그때, 가족들이 내가 죽은 줄 알고 포항으로 찾아 올라오기도 했다.

돛 달린 배를 타고 구산면, 고성 동해면, 거제 칠천도 사이 일대에서 고기를 잡는 사람들도 있었다. 차가 없던 시절이라 고기 잡아서 마산어시장에 경매(판매)하러 가려면, 배를 타고 마산으로 가야 하는데, 구산면 해안선을 따라서 육지와 섬 사이 뱃길을 따라, 실리섬 모퉁이를 돌아서 마산어시장으로 건어물, 수산물 생선 경매를 다녔던 배가 있었다. '일통호'라는 큰 배가 그 일을 하기도 했었다.

해상에서 대형선단에서 배가 어로 활동을 하고 있으면 운반선들이 접근을 해와 해상에서 고기를 바로 사 가는 일도 있었다. 그 배들은 다시 내륙으로 들어와서 그 물고기(수산물)를 경매나 판매를 하기도 하였다. 지금 미더덕이나 홍합, 굴 양식장이 생기고 나서 물고기 다니는 길도 많이 변했다.

철이 변하면 철 따라 고기들이 이동하는데, 고기들이 다니는 길이 있다. 아무렇게나 아무 곳이나 다니고 하는 것은 아니다. 오래 고기 잡아 온 사람들이나 배들은 그 길을 알고 있다. 우리는 고기 다니는 길을 알고 있으니까, 계절 따라 고기 잡히는 자리에 가서 그물을 쳐놓고 있으면 그 어종의 고기들이 잡힌다.

봄에는 도다리 잡으려면 어디로 가야 하고, 물때가 언제가 좋은지 안다. 문어 잡으려면 어디로 가야 하고, 또 전어 잡으려면 어디로 가야 하는지 철 따라 고기가 잡히는 자리를 윗대 어른들로부터 배워서, 대대로 알고 있는 것이다.

진동면 '요장갯벌'이나, 진전면 '창포갯벌'에 흘러드는 강이 4개 정도 되는데 비가 오거나 해서 민물이 강을 따라 바다로 흘러들어오면, 그 민물길을 따라 바다에서 물고기들이 거제 고성 먼바다에서 진동면 앞바다로 올라온다.

바닷물이 들물(밀물 때)이 되면 바다에서 물이 그냥 들어올 것 같지만, '들물'도 '날물'도 가만히 보면 물이 돌아서 들어오고, 나가는 길이 있다.

"물이 다니는 길이 있다."

양식장 그물이 바닷물 속에 어느 정도 깊이에 잠겨서 부표에 매달려 떠 있으니, 물고기들이 올라오는 길이 예전과는 많이 달라진 것이다.

"예전에는 물고기가 많았고 흔했다."

지금도, 진동면 사동다리 아래에 강물 내려가는 데 가보면, 숭어가 많이 올라오고 고기들이 민물 내려오는 곳으로, 철이 바뀌고 때가 되면, 먼바다에서 저들이 알아서 헤엄쳐 바닷길을 따라 올라온다.

나이가 들고 살아오면서 다른 사람들 사는 것도 내가 사는 것도 생각을 해보면, 예전에 기계배도 없었고, 지금처럼 어장이나 뭐가 없었다. 논밭도 집도 그렇고 그때는 제 것이 없으면 살기가 힘들고 죽는 세상이었지만, 부모 재산도 물려주면 다 날려 먹는 사람들도 있고 부모가 물려준 것이 없더라도 잘사는 사람도 보게 되는데….

부모 재산은 잠시 지나가는 것이라 생각이 든다. 잘살든 못살든 다 지(제) 복이다. 부모 원망하고, 못 물려받은 것하고 상관이 없는 것 같다.

17~18살 때, 6·25전쟁이 나서 지금의 진해 수도(水島) 일대로 피란을 간 적이 있었다. 피란 와중에 먹을 것이 없었는데, 배급을 준다고 나오라고 해서 나갔더니 그중에 젊은 사람들 전부 다 그 길로 잡혀서 전쟁터로 끌려나갔다. 며칠 훈련받고 총만 쏠 줄 알면 전쟁터에다가 내려다 주었다.

전쟁 나간 지 얼마 안 되어서 골짜기에 들어서니 나무 위에서 매복한 적군의 총알이 비 오듯 쏟아졌다. '우찌 우찌' 하다가 강물에 뛰어들었는데, 강물이 핏빛이었다. 지금 사람들이 들으면 거짓말이라고 믿지도 않을 것이다.

머리에 쓰고 있던 철모가 깨져 날아가고 머리 위에 파편을 맞아서 피범벅이 되었다. 살아난 것이 기적이었다.

{ 할아버지는 머리 위 파편 자국을 보여주신다. 마침 대문 앞에 붙은 국가유공자의 집 마크가 눈에 들어왔다. 몇 번 그 앞을 지나다녔는데 오늘 처음 본 것 같았다 }

전쟁이 끝나고 집으로 왔는데, 내 것이 없었다. 전쟁이 끝나면 먹고살 길도 자기가 해야 하는데, 뭐가 있어서 먹고살지?

내 것이 없으면 죽는 것이나 마찬가지였다.

그냥 그런대로 고기 잡아 먹고, 배 타고 하면서 살아온 것 같은데, 자식들 손자들 다들 잘돼서 자리 잡고 있으니 고맙다.

나는 멸뚜리, 선단 연락선을 타고 다니며 손방질을 다니기도 했다. 그때는 그물을 사 와서 하는 경우도 있었지만, 그물 만드는(끼미는) 바늘이 있어서 직접 만들기도 했고, 잘하는 사람은 금방 완성했다.

방질 그물을 만들 때는 위 그물과 아래 그물의 그물코 크기가 달랐다. 10절, 12절 하는 식으로 규격이 있었고, 그물 길이와 조정줄 길이를 재고 말할 때는

'몇 발 몇 발' 길이 하는데 양팔을 벌리고 줄이나 그물 길이를 재고 계산할 때 그렇게 치수를 말하는 것이었다.

"바람이 불면 돛을 2개 단 주낙배를 타고 방질을 가거나 문어 낚시를 다녔다. 바람이 제대로 한번 불면, 노 젓는 배나, 그 당시 통통거리던 기계배보다 돛배가 빨리 달린다. 바람이 얼마나 힘이 좋은데 … 바람에 밀려서 배가 가는 것이다."

고기를 잡아 오면 대야에 이고-지고 인근 마을마다 다니면서 팔았다. 돈으로 받기도 하고 쌀이나 보리나 곡식으로 바꾸어 오기도 했다. 그렇게 해서 먹고 살아나온 것이다.

지금 돛배의 돛을 만들라고 해도 만든다.

돛배 운전하는 것을 말로 어찌 이해하겠냐마는, 실제로 배를 타고 하나하나 가르쳐 주면 금방 알 수 있다.

3-4
·····
목선 관리

∴ 연안하기

◆ '연안'하기

목선의 경우, 나무에 벌레(소)가 먹어들어가면서 나무가 썩는다. 그걸 막기 위해서 배를 뭍에 앉히고 주기적으로 청소와 건조 후 연기나 불로 그을려 벌레(소)가 목재를 먹어들어가는 것을 막았다. FRP선박에는 벌레(소)가 먹을 일은 없지만 갑각류(쩍, 굴)가 기생하여 자라거나, 파래가 붙어 자라는 것을 주기적으로 긁어주고 청소를 해주어야 한다.

밀물 때 배를 해안가 가까이 묶어두면, 썰물(날물) 때 물이 빠져나가면서 배가 해안가 바닥에 자리를 잡고 앉게 된다. 이때 수면 아래에 있어서 잘 보이지 않았던 배의 밑 부분에 대한 청소나 관리가 시작된다.

아래측 바닥과 측면에 붙어 있는 갑각류나 파래를 긁어내고, 큰 청소용 솔(보도리)을 이용해서 선체의 표면을 청소한다. 물이 빠지고, 목재에 물기가 어느 정도 마르고 나면, 불을 피워 나무를 그을리듯이 말리는 작업을 한다.

연안을 통해서 크게 2가지가 중점 관리가 된다.

첫 번째는 배에 붙어서 잘 긁혀 나오지 않았던 파래 같은 것들이 이 작업을 통해서 태워 없어지는 것이다.

두 번째는 한동안 바다 위에 떠 있느라 바닷물을 머금은 목재에 열을 가해서 수분을 말리면서 이때 나무를 갉아 먹는 좀 같은 벌레도 같이 퇴치된다. 작대기에 엮은 짚단이나 고춧대에 불을 지피고 연기를 피워 옮겨 가면서 연안을 하기도 했다.

기름을 이용해서 불을 가하는 버너(토치)가 나오면서 대부분 버너를 이용해 연안했다. 간단한 자가 수선 작업을 하기도 한다. 큰 문제가 생기면, 조선소로 가서 수리를 맡기는 것도 이때 판단을 한다.

◆ 연안 주기

월 1회 정도 물때에 따라 시간 맞춰 해야 한다. 같은 재질의 목선이나, FRP 배라도 연안을 얼마나 자주 하느냐, 관리를 얼마나 잘 해주느냐에 따라 배의 수명에 큰 차이가 생긴다. 관리가 잘된 배는 선주가 한 달에 1번 정도 연안을 하므로 배 밑에 따개비나 파래가 자랄 겨를이 없다.

일이 바쁘거나 한 배들은 두세 달에 한 번 연안을 하기도 한다. FRP선체는 연안이 청소 위주인데 목선처럼 선체가 조금씩 삭는 것 같은 일은 없다고 할 수 있다. 운항하지 않는 배는 파래나 따개비가 더 잘 자란다.

∴ 풍습

매년 절기마다 배 선실에 무사고와 행운을 비는 고사상을 차려두는데 음력 섣달그믐, 초하룻날 아침에 한다. 과일, 술, 마른 명태를 놓고 촛불을 킨다.

- 부록 -

목선 모형(船形) 복원

∴ (1) 석조망배('유생가다'라고 부르는 경우가 많다)

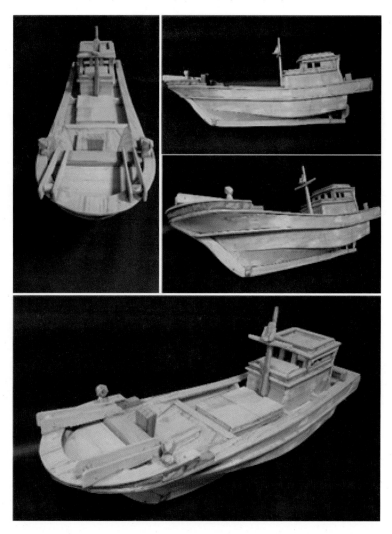

◆ 용도: 어선(큰). 고대구릿배, 이수(시)구리배 , 꼬막배, 양식장 관리선

◆ 이 형태의 목선 이후 FPR 재질의 선박들이 도입되었으나 선형(船形)은 대부분
   이 배의 형태를 기초로 하고 있다.

∴ (2) 왜선형('왜선가다'라고들 부른다)

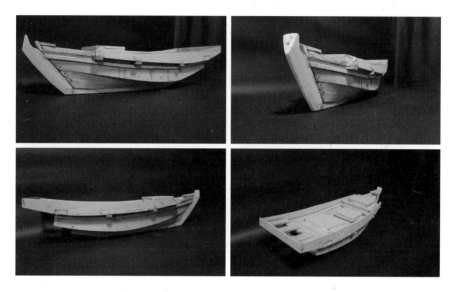

◆ 명칭: 왜선, 외선, 애선, 에선. 형이라는 뜻의 '가다'가 끝에 붙음

◆ 제작 시기: ~1970년대

◆ 어선 용도: 어선(고기잡이), 낚시(주낙)

◆ 추진 동력: 7마력급 경운기 엔진 / 노

◆ 동력선이 나오기 전, 초기 동력선(7마력급_경운기 엔진) 등에 주로 사용된 어선
   의 일반적인 형태 / 연안 위주의 당일 왕복 거리의 어로 활동에 사용

∴ (3) 초기 동력선(뒷부분 짐대)

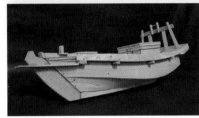
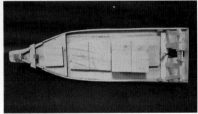

◆ 명칭: 초기 석조망배 왜선형에서 기관실과 어창 등의 변화가 나타남

◆ 제작 시기: 40년대~60년대(무동력선) / 60~80년대(동력선)

◆ 어선 용도: 어선(고기잡이) 자망배 / 통발배

   - 선형을 약간 변형하여, 잠수부 하강용 사다리를 설치하는 공간을 만들고 지
     붕을 걸칠 수 있는 짐대를 만들어주면 모구릿배로도 활용

◆ 추진동력: 15~35마력급 엔진(노를 싣고 다님)

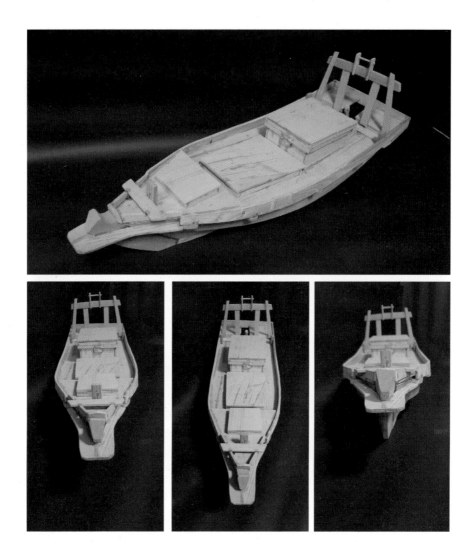

∴ (4) 건어망배: 기루형태의 배밑과 작업용 선체구조

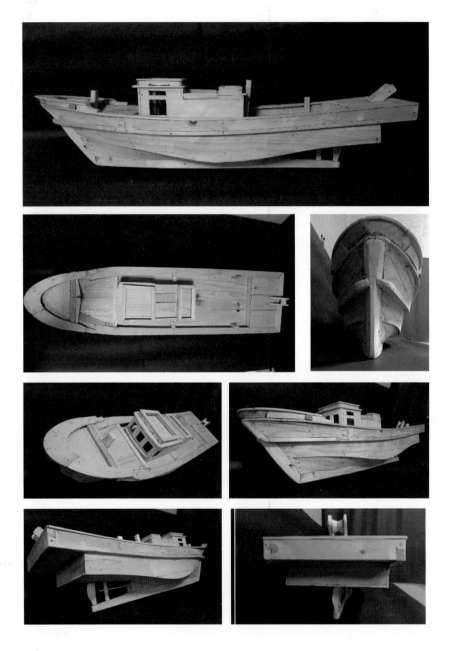

◆ 명칭: 건어망배(우타세 -> 건어망 -> 건어망 개조형-> 멸치배)

◆ 제작 시기: 1960~1970년대

◆ 어선 용도: 멸치잡이 등으로 활용

◆ 추진 동력: 디젤 엔진(해상기, 육상기)

초기 사천지역에서 '우타세'라는 배를 사 와서 엔진을 장착하고, 멸치 잡는 형태의 배(이리야)로 개조를 하였던 과정이 있다. 그러다가 배를 더 길게 이어서 뒤로 배 길이를 늘리고, 좌우로도 배 갑판 폭을 늘려서 만들어 사용했다. 1960년대 용원과 안골에 배를 만들어 갔을 때 그 당시 용원 선창에 '우타세(우다세)'라고 불리던 배가 2~3척 정도 있었던 기억이 있다.

'우타세'라고 하면 당시 배가 크기도 하였거니와, 조업방식이 그물을 끌고 다니면서 고기를 잡다 보니, 웃지 못할 얘기지만 '안 잡히는 고기가 없다'고 할 정도였다.

∴ (5) 해추선(전마선, 땐마, 뗏마)

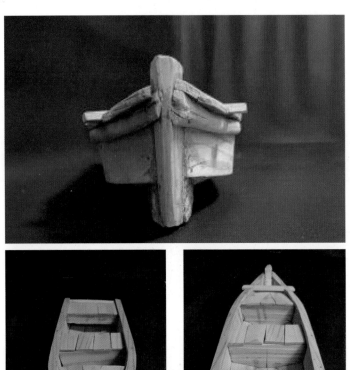

- 크기: 길이 15~16자 / 하바 5.5~6자(다섯 자 반) / 삼 높이 1~1.5자
- 제작 기간: 목수 2명 12~15일 소요
- 추진 방법: 1개의 노를 달고 가까운 연안 위주로 낚시와 자망을 하던 배, 홍합
  등 채취와 운반용

∴ (6) 주낙배

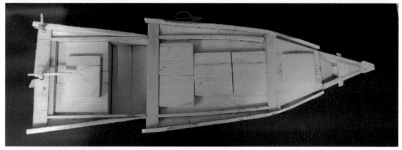

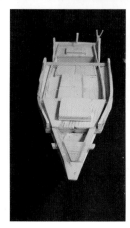

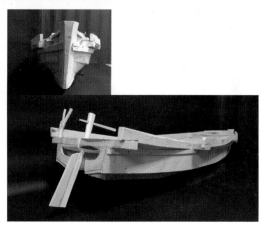

◆ 주낙고리 등이 미완성 상태인 배

∴ (7) 낙동강 강배

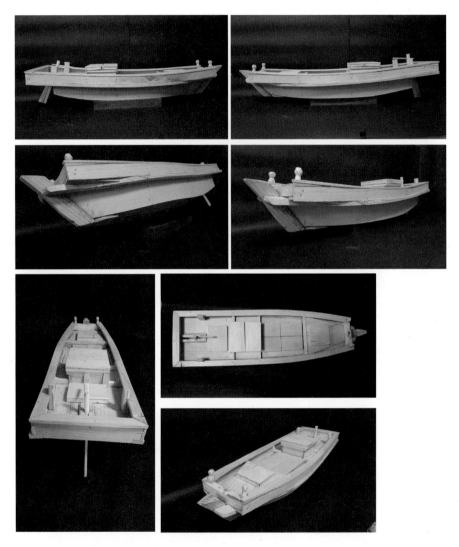

◆ 명칭: '강배', '뻘배'라고도 하고 배밑이 경사각이 거의 없는 편평한 형태. 배밑을 경사
지게 만들면 갯벌에 배가 깊이 박혀 운항이 불가하기 때문에 수심이 낮고 갯벌이 있
는 곳, 강이나 강 하구 바다 갯벌이 있는 지역은 배밑이 거의 이런 형태를 띰.

◆ 제작 시기: 1950~1970년대

◆ 어선 용도: 자망, 낚시, 통발 등

◆ 추진 동력: 무동력선 형태는 노와 돛 1~2개를 설치하고, 운항 동력선 형태는
    디젤 동력선, 노 1개 등

∴ (8) 대절선

◆ 크기: 길이 30~40자 / 하반 11.5~12자 / 삼 높이 3자 6치

◆ 제작 기간: 목수 4~5명, 24~30일 소요

◆ 추진 방법: 초기에는 주로 자동차 엔진을 개조하여 장착한 엔진

- 조타기: 버스 핸들 사용(또는 화물차 핸들) -> 해상기용 유압도입

- 진동 고현 일대 횟집, 도선 용도로 사용된 대절선이 5~6척 있었음

∴ (9) 제작 과정

◆ 널판에 그린 목선의 설계도

∴ 치 만들기

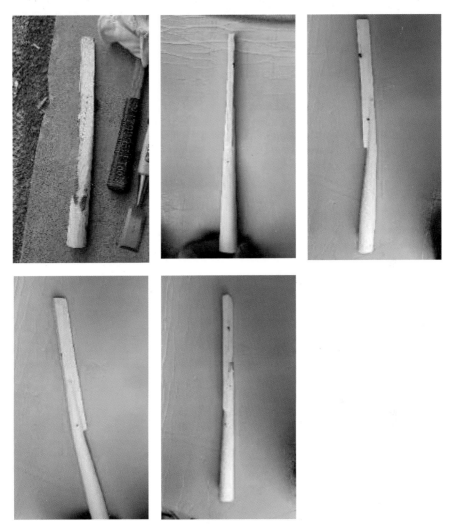

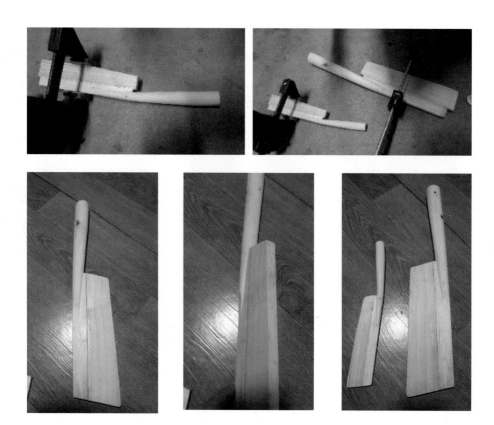

치를 만들 때 치 나무를 몇 가지를 사용해 보기도 했는데, 잘 썩지 않아야 하고, 무르지 않고, 잘 마모되지 않은 설질의 목재를 선택해서 사용했다. 주로 사용한 것은 '아카시아' 목재였다.

제재소에서 통나무 피족만 살짝 제재하여 그대로 바닷물에 몇 달 담가 둔다. 급할 때는 두 달 정도 담가 둔 것도 사용했다.

새 배를 모은다고 하면 넉넉히 담가 두고 사용을 할 텐데, 급하게 치를 다시 만들어 달라고 하는 경우가 더러 생긴다. 대체로 조업 중이던 배가 암초에 부딪히거나, 선창에 정박해둔 배의 치가 바닥에 닿거나 해서 치가 파손되는 경우이다.

치를 만들고 나면, 통나무 끝에 해당하는 나무 중심 나이테에 드릴로 구멍을 조금 뚫고, 원통 테두리 끝부분에는, 쇠로 만든 밴드를 만들어서 조여주었다. 목재가 트거나, 비틀어지고, 휘어지고 썩는 것을 방지하기 위해서이다.

기본적인 크기는 길이는 12~13자(3m 60cm) 정도이고, 폭은 1자 2치이다.

품삯은 나뭇값과 인건비를 다 합쳐 2일치를 받았다. 새벽에 일을 챙겨나가면, 이틀 치 품삯을 벌어왔다.

∴ 노 만들기

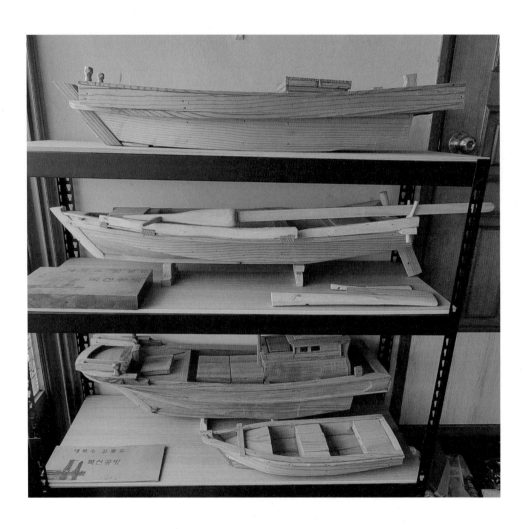

부록 2 내 고향 마을 지명의 유래

∴ 우산(牛山)

  마을 뒷산의 산지세(山地勢)가 소를 닮아서 소산/우산(牛山)이라고 부른다고 한다. 어디의 언덕배기 자락은 소의 머리에 해당하고, 어디 자락은 소의 꼬리를 닮았고, 이런 이야기를 어릴 때 자주 듣고 자랐었다. 그래서인지 주변 지명에 소(牛)와 관련된 흔적들이 여러 군데 남아 있다.

  소산(우산牛山), 산자락 아래에 있는 학교는 '우산(牛山)초등학교'이고, '진동면~진전면' 연이은 큰 호수 같은 내만의 바다를 '우해(牛海)'라고 했었다고 한다.

  동쪽으로 조금 내다보면 큰 수우섬(首牛島), 작은 수우섬(首牛島), 남쪽으로 마주 보면 염섬(양도羊島), 솔섬(송도松島), '하섬'이라는 지역 사투리 발음으로 더 널리 불리고 있는 활섬(궁도弓島), 그리고 물이 들고 날 때 사각 바위섬 좌우로 해안가가 길게 드러나면서 중절모처럼 보인다 하여 그 인근 섬사람들에게는 '모자섬'으로 더 잘 불리는 소궁도(小弓島) 등이 앞바다에 빙 둘러 모여 있다.

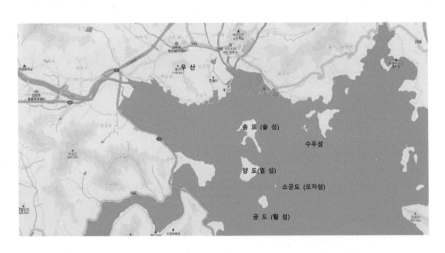

그 섬들 중 송도(松島) 앞에는 작은 바위섬이 하나 있는데 물이 많이 빠지는 날에는 발이 물에 조금 잠길 정도만 감내하면 걸어서 들어가 볼 수 있는 곳이다. 벚나무가 많아 봄에 꽃이 필 때 흰색으로 덮여 솜뭉치처럼 보이는 작고 예쁜 섬이 멋진 풍경을 보여준다.

우산 아래 산자락 여러 마을 중 진전면 율티(밤티)마을이 있는데, 조선 시대 유배를 와 계시던 분 중에 김려(金鑢)라는 분이 계셨다고 한다. 유배 생활 중 어촌생활에 관하여 쓴《우해이어보(牛海異魚譜)》등이 전해지고 있다.

∴ 장기(場基)마을

장(場)이 서던 마을이라는 이름의 장기(場基)마을, 장기리(場基里)는 도로가 제대로 없던 시절에 마을과 섬과 마을이 이어지는 중간지점의 장(場)이 서는 자리였다는 설이 전해진다. 예전, 새마을 운동 시기 전에만 해도 마을 중앙 앞마당에는 소를 매어 방아를 찧던 연자방아가 있었다고 한다.

집 안에 우물이 있는 한호근 씨, 최봉환 씨 댁 2곳과, 골목에 있는 우물 3곳까지 총 5개의 우물이 있어서 물 사정은 좋았다고 생각이 된다. 80년대 후반까지만 해도 정월 대보름날이나 동네잔치가 있던 날은 마을의 사물놀이패 비슷한 '메구패'가 집집마다 돌면서 '메구'를 치고, 밤늦게까지 50가구 남짓한 규모의 가구들이 마을 중앙 선창을 기점으로 동서로, 즉 동쪽개(해안)와 서쪽개(해안)로 나뉘어 서로 줄다리기, 윷놀이, 씨름을 겨루었던 흥이 겨운 옛 명절의 여운이 있었던 마을이다.

이 작은 마을이 왜 장(場)이 서던 마을이었는지 궁금할 수 있다. "60년대 초까지만 해도 리어카가 다닐 정도로 좁은 도로였는데 어떻게 장이 섰을까?"에 대한 의문은, 마을 어르신들의 인터뷰를 통해서 하나하나 이해가 되었다.

바다를 터전으로 살면서 섬과 해안가 마을의 건어물, 물고기들을 팔기 위해 인근 2개면 소재지를 연계하여 외부로(진전, 진북, 내서, 이반성, 함안…) 운반해야 했다. 살아있는 수산물의 신선도를 유지하는 방법은 빨리 운반하는 것이다. 그리고 말리거나 염장을 하는 것도 좋은 방법이다. 생물이거나 부피나 무게가 많이 나갈 경우, 길이 잘 발달하지 않았을 때는 생선을 머리에 이고 지고 육로(陸路)로 운반하는 것보다, 바닷길로 배에 싣고 가장 가까운 육상으로 먼저 가는 것이 더 수월했을 것이다. 60~70년대 초반까지만 해도, 인근 진전면(鎭田面) 소재지 오서리 시장 상인들이 문어(피문어)와 건어물을 구매해서, 등짐을 지고 고개마루(밤티고개~율티고개)를 넘어 다녔다고 한다.

∴ 뒷개마을

'뒷개'라는 말에서 의미가 조금은 와 닿는 것 같다고 생각이 드실 것이다. 마을 너머 뒤의(넘어마을) 개(해안가 갯벌)라는 말이다.

뒷개마을은 장기마을보다 60~70m 정도 해안선이 내륙으로 더 들어와 있다. 수심이 얕고 바위나 큰 돌이 적은 갯벌로 되어 있어서 바지락이 자라기 좋은 지역이다.

마을 입구에 우뚝 선 큰 나무는 한국의 농촌, 어촌, 산촌을 가더라도 공통적으로 쉽게 볼 수 있는 풍경이다. 어촌의 마을은 고갯마루를 넘어갈 때마다 당산나무가 있고, 고개를 넘어가면 마을 이름들이 달라졌다. 장기마을에서 서쪽 당나무(나무)가 있는 장기 고개를 넘어가면 갯벌이 약간 섞여 있는 얕은 수심의 해안가가 아담하게 펼쳐지고 뒷산자락이 완만하게 내려와 멀리 거제를 정면으로 바라다보고 있는 마을이다.

이 마을의 가구 수는 5~6가구이지만, 우물이 있는 집이 세 곳이고, 작은 샘이 한 개 있어 물 사정이 좋은 편이다. 진동면 고현리 공룡 발자국 화석이 방송에 소개된 적이 있었다.

고현리 장기리 주변 일대 어촌마을 뚝 튀어나온 육지나 해안가 바위 곳곳에 공룡 발자국 같은 것들이 군데군데 흩어져 흔적을 유지하고 있다. 장기조선소 우측 해안 바위기슭과 해안가 바위에 공룡 발자국이 인근 선두마을까지 듬성듬성 이어져 있다.

∴ 선두(船頭)마을

장기마을에서 출발해서 서쪽으로 가면 뒷개마을이 나오고 또 한 고개를 넘어가면 급한 경사를 내리질러 옴팍하게 들어앉은 작은 마을 선두마을이 나타난다.

(고현마을 → 장기마을 → 뒷개마을 → 선두마을)

조선 시대에 전선(戰船)이 정박하고 배를 만들고 수리하던 '선소(船所)'가 있었다고 전해지는 선두마을은, 언제부터 '선소'라는 말이 '선두'로 바뀌어 불리게 되었는지 역사적 고찰이 필요할 것 같다. 현재 마을 주민들 이야기를 되짚어서는 알 길이 없고, 돌비석에 얽힌 전해지지 않는 많은 이야기와 설화들이 있지 않을까 하는, 담지 못한 이야기들의 아쉬움이 특히 많이 남는다.

동편 선창 입구에는 돌비석과 연리지 나무가 있다. 선창의 돌비석은 매년 제를 지내고 새끼줄로 금줄을 쳐 신성시 해오던 곳이다. 돌비석 주변에서 해코지나 불경한 짓을 하면 안 좋은 일이 생긴다는 구전 이야기들이 다수 전해지고 있다.

◆ 선두마을 돌비석과 연리지목

선두마을 지나 그다음 마을인 진전면 율티(밤티)마을로 넘어가려면 해안가 절벽 위로 걸어 다녔던 좁은 오솔길이 있다. 벼랑 위의 '너더렁길(절벽길)'이다. 선두마을 방면 270m 구간과 율티마을 방면 410m 2개의 절벽길이다.

선두마을에서 출발하는 270m 구간의 너더렁길은 절벽 아래 해안가 도로가 새로 생겨나면서 차가 다닐 수 있는 상태가 되었고, 원래의 그 산길은 사람이 잘 다니지는 않는 길이 되었다.

◆ 지도 출처: Daum _ 적색선 너더렁길

율티마을 방면 나머지 너더렁길은 차가 한 대 지나갈 수 있는 정도의 폭으로 조금 넓어졌고, 아직도 그 길을 이용하고 있다. 높은 언덕 경사지로 만들어진 너더렁길로 지나갈 경우, 키 큰 소나무 사이사이로 내려다보이는 갯벌과 바다 풍경이 보기 좋은데, 해 질 녘 소나무 사이로 석양빛이 금색 별빛처럼 반짝이는 것을 볼 수 있다.

∴ 고현리(古縣里)

1018년 고려 시대 '우산현(牛山縣)'이 설치되었다가 그 뒤로 고려 태종대에 오면서 현재의 진동면 소재지에 '진해현(鎭海縣)'이 설치되면서, 예전 우산현(牛山縣)이 있었던 마을이라고 하여 '고현(古縣)'이라고 불렀다고 한다.

지금처럼 방파제와 선착장이 없던 시절을 되돌아 생각해 본다. 강 하구 얕은 수심과 갯벌 그리고 배가 잘 정박하고 들고 날 수 있는 수심이 확보되고 유지되는 곳, 바람과 외부 파도의 영향을 덜 받는 곳. 그 당시 고현은 그런 곳일 수 있었다. 내륙으로 300여m 들어온 옴팍한 항구와, 파도와 바람을 막아주는 언덕이 보이는 곳.

삼진 의거가 일어날 당시 이야기로는 진동면 일대, '고현 판장'의 장날에 의거가 일어났다고 하는데, 그만큼 사람들이 많이 모여들고, 번성하고, 수산경제의 중심지였을 것이라 생각한다.

∴ 진동면(鎭東面)

과거 진동면(鎭東面) 소재지에 있었던 진해현(鎭海縣)은 지금의 진동면, 진전면, 진북면을 아우르는 3개 면소재지의 관할을 대부분 포함하는 규모로, 고려시대 1390년부터 '진해현'으로 불렸고 감무(監務)가 파견되었다고 한다 조선시대까지

'진해현'으로 계승되어 내려오다가 1413년(태종13년) 감무(監務)가 현감(縣監)으로 개칭되었다고 한다 '진해현'이라는 이름은 고려시대부터 조선시대 말까지 그 행정 명칭이 유지되던 곳이다

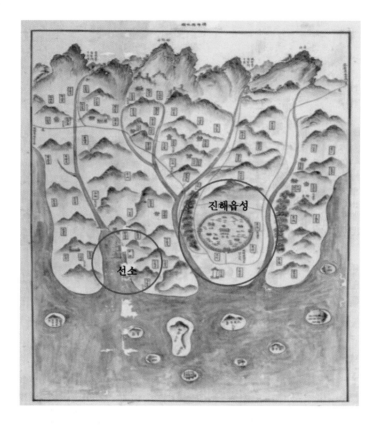

◆ 1872년 진해현 고지도

진해현의 고지도에서 보이는 '선소'라고 표시된 곳은 배를 만들던 조선소를 말하는 '선소'를 따른 말이며 지도에는 정박 중인 '군선'으로 보이는 배 그림이 보인다. 현재는 마산합포구 진동면 선두마을에 해당한다고 한다.

현재의 창원시 진해구(鎭海區)는 조선시대 웅천현(熊川縣)으로 불렸던 곳이며, 현재의 창원시 진동면(鎭東面)은 조선 시대 진해현(鎭海縣)으로 불렸던 곳이다.

일제강점기 러시아와 일본의 해상권 다툼 와중에 일본 해군부대가 웅천현으로 이동해 가면서 '진해'라는 지명을 가져가 버려, 1908년 기존의 '진해현'은 폐지되었다. 또한, 기존 진해현 관내의 동면, 서면, 북면은 각각 진동면(鎭東面), 진전면(鎭田面), 진북면(鎭北面)으로 3개의 면 단위 행정 구역으로 바뀌게 되어 오늘에 이르고 있다. 구한말, 일본이 해군부대 이동에 맞춰 지명을 가지고 가버린 이유가 궁금하기도 하여 근거도 없는 상상을 해본다.

한자 자의(字義) 그대로만 본다면 鎭은 '진압하다, 누르다, 진정하다'라는 뜻이다. 동아시아의 작은 땅에서 벌인 세계열강의 세력 다툼이 바다를 차지하겠다는 절박함으로 나타난 것은 아니었을까?

조선 시대 진해현감(縣監)으로 부임(1886년~1889년)하셨던 분 중에 TV 드라마를 통해서 요즘 사람들에게도 잘 알려져 있는 분이 계신다. 바로 '사상의학'을 제창한 동무 이제마(1837~1900) 선생이시다.

◆ 이제마 선생의 초상과 진해현 관아

◆ 진해현 관아 출입문과 돌담길

◆ 진해현 관아 석비군: 현감들의 선정비, 불망비를 모아둔 곳

🚢 이해를 돕는 글

• 선정비(善政碑): 백성을 어질게 다스린 현감과 관리들을 표창하고 기리기 위해 세운 비석
• 불망비(不忘碑): 후세 사람들에게 잊히지 않도록 어떤 사실을 적어 세우는 비석. 오랫동안 남도록 돌이나 쇠비석에 새긴다.

현재의 진동면 소재지에는 조선 시대 진해현의 관아와 객사 터가 남아 있다. 관아 자리는 2015년까지 진동면 사무소로 사용되었고, 2015년 새 청사로 면사무소가 이전해 갔다.

◆ 1983년 소실되기 전의 객사

◆ 진해현 객사 터 / 화재로 소실되고 기초 부분만 남아 있음

　진동면이 진해현의 옛 이름을 잃고, 현재에 이르게 된 것은 이제 겨우 백 년이 조금 더 지나고 있는 것 같다. 옛 지도에 남아 있는 조선 시대의 진해현(진동면)의 '성산리', '동촌리', '서촌리', '사동리' 등 그 당시 지명도 읍성의 흔적도 그 자리에 군데군데 남아 있다.

진해현 관아 뒤에 아직 남아 있는 읍성의 돌담벽을 바라보고 있노라면, 이런 생각이 자연스럽게 일어난다. 좀 더 개발이 진행되거나 과거를 잊기 전에 읍성을 복원해 나가는 것은 어떨까 싶다.

　선사시대의 고인돌 유적지에서부터 조선의 진해읍성, 일제강점기 삼진 의거에 이르기까지 유구한 역사가 깊이 자리한 곳이라 할 수 있겠다. 진해읍성과 동헌을 조금씩 복원한다면 선사와 조선 일제강점기 삼진 의거에 이르는 역사의 발자취를 한곳에서 모두 되새겨 볼 수 있는 역사의 장이 이곳이라 생각한다.

내 고향 속담, 전래담

∴ 후릿 그물

바다 위에서 그물을 펼치고 걷기도 하고, 육상에서 가까운 해안에 들물(밀물) 때 작은 배를 이용해서 후릿 그물을 치고, 날물(썰물) 때 그물을 육지로 걷어 올리기도 한다.

섬이나 해안가 멀리 배목수 일을 하러 갈 경우, 선주들이 간혹 그물을 쳐서 찬거리로 고기를 잡기도 했고 조금 넉넉하게 잡히면 팔기보다는 이웃 사람들과 반찬거리로 나눠 먹기도 했다. 돈도 귀하고, 쌀도 귀했지만, 물고기는 그래도 먹을 정도는 잡혔다고 한다.

∴ 잘피

'잘피'라는 바닷물에 서식하는 수중 식물이 있다. 잎이 난초잎처럼 얇고 길게 띠처럼 생긴 것인데 잘피 잎과 열매를 먹기도 했었다. 배가 부르거나 맛이 있어서 먹었다기보다는, 먹을 것이 워낙 귀한 시절이라 먹을 수 있었고, 먹고 나서도 별 탈이 없어서 먹었던 것 같다.

◆ 잘피

∴ 망치질과 이빨

배목수들은 이빨이 약하다고 얘기들을 자주 한다.

망치질, 도끼질, 무거운 나무를 들고 나르고 하면서 '이를 악물고' 힘을 쓰고 '용'을 쓰는 일이 잦았다. 담배를 태우면서 일하는 중간에 담배를 씹다 보니 필터가 멀쩡한 것이 잘 없다. 그만큼 힘이 들었고 비가 오면 일을 쉬어야 하고, 일이 끊기면 다른 일이라도 해서 생계를 이어야 했던 배목수들의 고단함도 묻어 나는 말이라 생각한다.

∴ 남 머릿속에 든 글도 배운다

'몸으로 하는 일머리도 잘 지켜보면 배울 수 있다'는 뜻으로 빗대어 말하기를 "남 머릿속에 든 글도 배우는데, 목수 일이 뭣이 어렵다고 못 배우느냐"라고 하기도 한다. 또 노년에 접어든 어르신들이 학생 나이 또래 아이들이 집안일을 도우면 어릴 때 뭐라도 배워놔라, 배워 놓은 것은 언제 써먹어도 써먹는다고 타이르듯, 다독이듯 말하기도 하였다.

∴ 연장이 사람 덕 보려고 한다

날이 무딘 연장을 탓하는 속담이다.

∴ 장기마을, 창포마을 거인

장기마을 뒤로 바다를 정면으로 보고 있는 산기슭 정상에는 굴 껍데기가 붙은 바위가 있다. 옛날 '창포마을 거인'과 '장기마을 거인'이 바다에 있는 바위를 들고 던지고 싸웠다고 하는 농담 같은 이야기가 있었다.

빙하기, 해빙기 이런 내용을 깊이 알 수는 없으나, 예전 바닷물 수심이 산정상에까지 이르렀다고 생각하니 '깊었던 바닷물'이 다 어디로 간 것인지 아련하다. 장기마을 뒷산처럼 창포마을 뒷산 어딘가에도 굴 껍데기가 붙어 있는 바위가 있지 않을까 한다.

∴ 샛바람 분다
동쪽에서 서쪽 방향 마을로 바람이 불면 비가 온다는 뜻이다.

∴ 들바람 분다
바다에서 육지로 불어오는 바람을 뜻한다.

신기하다고 해야 할지, 새벽이나 아침나절 부는 바람은 육지에서 바다 방향으로 부는 경우가 많고, 오후부터 저녁나절이면 바다에서 육지 방향으로 불어온다. 고기잡이를 위해 돛을 달고 바다로 나가더라도 나갈 때 들어올 때 시간에 맞춰 바람이 집으로 데려다줄 수 있는 것 같은 자연의 순리가 느껴진다.

∴ 된바람 분다
서쪽에서 동쪽 방향으로 불어오는 바람이다.

∴ '논 티'는 안 나도 '일한 티'는 난다
부지런한 사람을 이를 때 사용하기도 하고, 당장 돈을 받거나 대가를 받을 수는 없으나 나중에 그 결과는 반드시 있다는 의미로도 사용한다.

∴ 제재소에서는 스님, 배목수 오면 제일 좋아한다
제재소 일하시던 분들이 농담 삼아 하는 이야기 중에 스님과 배목수가 오면 제재소 측에서 좋아한다고 한다. 이유는 한번에 많은 목재를 고르고 사가는 큰손이기 때문이라고 한다.

∴ 잔고기 가시가 세다

작은 고가 살도 많이 없고 뼈도 많이 없지만 몇 개 안 되는 뼈도 간혹 굵고 뽀족할 수가 있어서 먹을 때나 손질할 때 조심하라는 뜻으로 사용하기도 한다. 작다고 얕보지 말라는 뜻이기도 하다.

∴ 고재(지)바구

고재암이 있던 언덕을 지역 주민들은, 고지바구라고 부른다. 《우해이어보》를 저술하신 '김려' 선생이 낚시를 했다는 자리가 있다고 한다.

∴ 광바구

광암해수욕장 일대 광암리의 우리말 표현이며, 바구는 바위를 말하는 것이다. 광바구를 한글로 좀 더 옮긴다면, 너른바구라고 해야 할 듯하다.

∴ 바닷물에 김장한다

예전 전쟁 이후 물자가 부족해진 탓인지, 오래전 관습인지, 김장을 할 때 배추를 바닷물에 넣어서 절였다고 한다. 바닷물에 씻는 동안 배추가 조금 절여지고, 집으로 운반해서 소금을 조금 더 쳐서 마저 절여, 배추 속의 수분을 빼내고 식물 섬유질만 남도록 했다고 한다. 갯가 흙이나 자갈이 없는 바위가 있는 곳에서 김장 준비를 하였다고 한다.

∴ 갱(깽)물, 갱(깽)물가

바닷가, 바닷물, 해안가를 뜻하는 사투리로 깽물가, 갱물가, 갱물, 깽물, 깽물에(갱문에)라고 사용하기도 한다.

∴ 넘의일(남일)이라고 예사로하지 마라

남의 집 일을 하더라도, 주인이 보든 보지 않든 대충해서 넘기는 일이 없도록 성심껏 양심껏 내 일처럼 하라는 말이다.

옛 말씀들을 옮겨 적다 보니, 긴 설명이 아니더라도 그럴 것 같고, 그래야 할 것 같았던 '말들'이 이제는 쉽게 들리지 않는다는 사실을 깨달았다.

나의 배목수 인생 이야기

초판 1쇄 2023년 1월 10일

지은이	김봉수
옮긴이	김경탁
발행인	김재홍
교정/교열	김혜린
디자인	박효은 현유주
마케팅	이연실

발행처	도서출판지식공감
등록번호	제2019-000164호
주소	서울특별시 영등포구 경인로82길 3-4 센터플러스 1117호{문래동1가}
전화	02-3141-2700
팩스	02-322-3089
홈페이지	www.bookdaum.com
이메일	jisikwon@naver.com

가격	18,000원
ISBN	979-11-5622-757-1 93500

ⓒ 김봉수 2023, Printed in South Korea.

- 이 책은 저작권법에 따라 보호받는 저작물이므로 무단전재와 무단복제를 금지하며, 이 책 내용의 전부 또는 일부를 이용하려면 반드시 저작권자와 도서출판지식공감의 서면 동의를 받아야 합니다.
- 파본이나 잘못된 책은 구입처에서 교환해 드립니다.